SUNRAIN PUBLISHING STUDIO
太阳雨工作室

有声伴读

宇宙的奥秘

地球会毁灭吗

李　硕◎编绘

長江出版傳媒 | 长江少年儿童出版社

图书在版编目（CIP）数据

宇宙的奥秘 / 李硕编绘．— 武汉：长江少年儿童出版社，2024.1
ISBN 978-7-5721-4342-7

Ⅰ．①宇… Ⅱ．①李… Ⅲ．①自然科学－少儿读物 Ⅳ．① N49

中国国家版本馆 CIP 数据核字（2023）第 203932 号

地球会毁灭吗

DIQIU HUI HUIMIE MA

策　　划： 太阳雨工作室
责任编辑： 李　郁
整体制作： 太阳雨工作室
责任校对： 邓晓素
督　　印： 邱　刚

出版发行： 长江少年儿童出版社（湖北省武汉市洪山区雄楚大街 268 号 邮编 430070）
印 刷 厂： 唐山楠萍印务有限公司
规　　格： 889mm × 1194mm　1/16
印　　张： 10.5
版　　次： 2024 年 1 月第 1 版　2024 年 1 月第 1 次印刷
印　　数： 1—10000
书　　号： ISBN 978-7-5721-4342-7
定　　价： 198.00 元（全三册）

跟我们一起，

开始奇妙的科学探索之旅吧！

前言

我是乐乐。我有两个很好很好的朋友，他们一个叫糖糖，一个叫鼠标。糖糖是一个小女孩，总是喜欢问一些奇怪的问题；鼠标是一个贪吃的小胖墩儿。我们住在同一个小区，没事的时候，总是在一起滑滑板车、骑自行车或者玩游戏，跟其他的小朋友没有什么不同。直到有一天，我们遇到了杨爷爷和他的宠物狗小腊肠，我们的生活就开始变得不一样了。你们可能不相信，我们可以飞

到太空，可以回到古代，还可以变成小蜜蜂，跟着真正的小蜜蜂一起采蜜……

对于我说的这一切，你是否觉得不可思议呢？是否迫不及待地想知道我们经历了一些什么有趣的事情呢？

嘘，不要着急，我会慢慢告诉你的。接下来，我就跟你说一说，我们第一次遇到杨爷爷和小腊肠时发生的有趣的故事。不过，在说起这段神奇的经历之前，我想要问你们一个问题：你们觉得地球会毁灭吗？

因为，我们的这一次经历，就是由糖糖问的这个问题引起的……

乐乐

目录

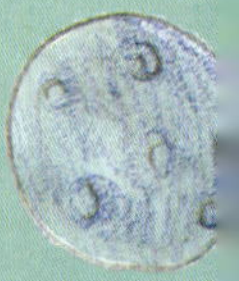

和我们一起了解地球的故事吧！

1 糖糖的奇怪问题

“乐乐……乐乐，快看，糖糖在那儿干什么呢？”

下午，我和鼠标刚来到平时一起玩的院子，鼠标就指着坐在滑梯台阶上的糖糖，大声地对我说。

糖糖看起来有些不高兴，手撑着下巴不知道在想什么。

“糖糖，你怎么了？”我和鼠标连忙跑过去问道。

“你们说地球会毁灭吗？”糖糖疑惑地对我和鼠标说。

“哈哈！”鼠标听到后笑得直不起腰，说，“你以为地球

是气球吗？”

“我真的不知道怎么说你们，”糖糖叉着腰，生气地说，“你们难道就从来没有想过，如果地球真的毁灭了，我们该怎么办？”

“糖糖，你怎么会想到这个问题呢？”我好奇地问。

糖糖说：“今天我在网上看到了一段地球毁灭的视频，好担心地球真的会成为那个样子。”

“乐乐，咱们别理她。”鼠标拉着我打算去别的地方玩。

砰！就在我转身正准备离开的时候，巨大的爆炸声突然响起。

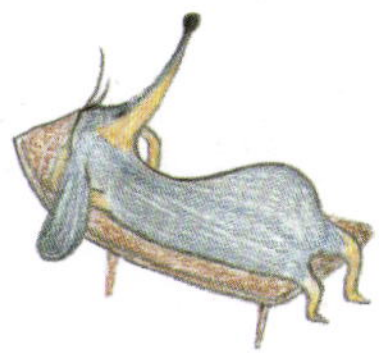

▶ 据现代科学研究表明，地球已经存在约46亿年了。它真的像一些科幻片里那样会毁灭吗？如果真的毁灭了，我们人类该怎么办？

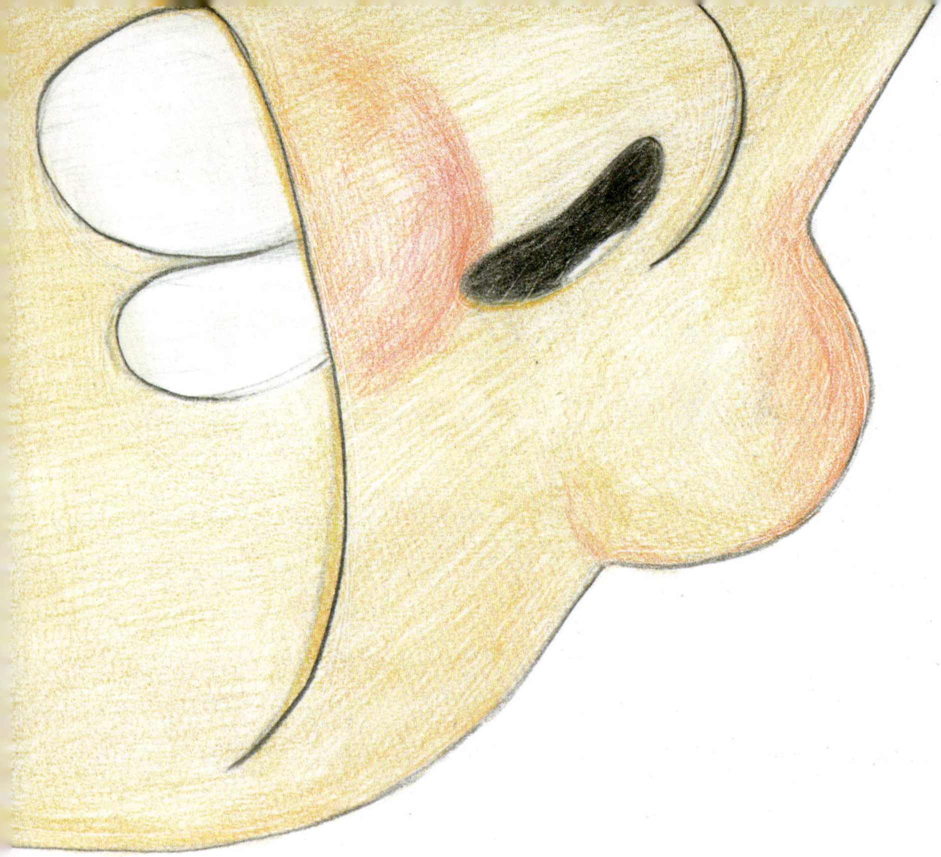

② 变成了梨树上的梨子

我们几个吓得刚要跑开，突然一只长得十分奇怪的小狗出现在我们眼前。它长得像我们常见的腊肠狗，但是又有些不一样，尾巴上还有个红色的小灯一闪一闪的。它仰着脑袋，看着我和鼠标，眼神很奇怪，在它的前爪下面有一片气球的碎片。

原来，刚才那可怕的爆炸声就是这只淘气的小狗弄破了气球发出来的。

“吓死我了！”鼠标拍了拍胸口，趾高气昂地向那只小狗走去，边走边说，“你这个小不点儿，看我怎么收拾你！”

他刚走到小狗的身边，奇怪的事情就发生了：一道刺眼的红光突然出现。我下意识地闭上眼睛，等我再次睁开眼睛时，看到了难以置信的一幕。

我……我……看到了一堆梨子，一堆结在树上的梨子！让我更为吃惊的是，我看到一个比其他梨子要大很多的梨子。这只奇怪的、与众不同的梨子，在没有风的情况下却不住地摇晃，像要挣扎着离开枝头。

“放开我，放开我，我要下去！”

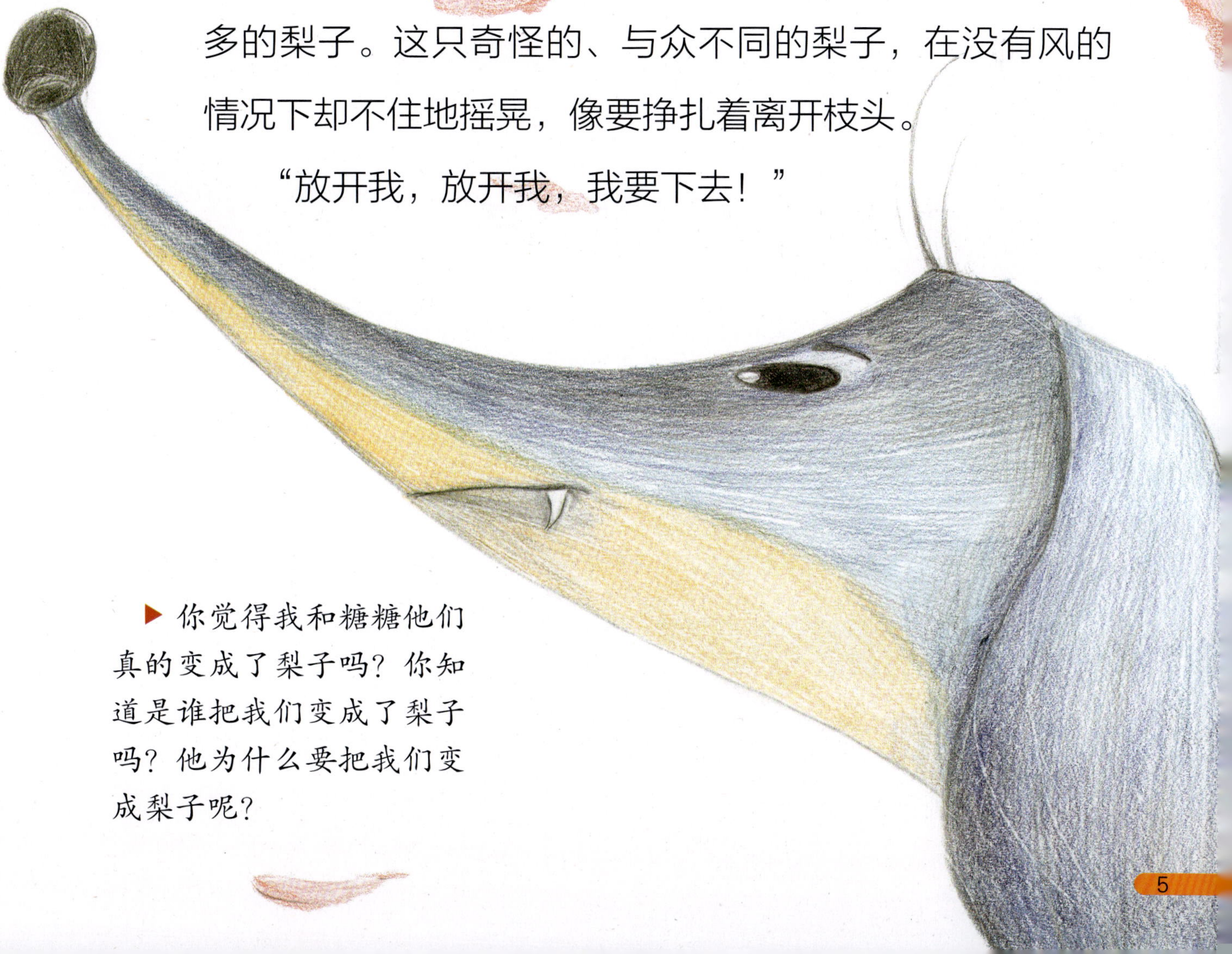

▶ 你觉得我和糖糖他们真的变成了梨子吗？你知道是谁把我们变成了梨子吗？他为什么要把我们变成梨子呢？

是鼠标的声音。我竟然从那个不住摇晃的梨子那儿听到了鼠标的声音。

到底是怎么了？我觉得不可思议，并且有些害怕。

我不会跟他一样变成梨子了吧？就在这个时候，我听到身边传来糖糖嘤嘤的哭泣声。我循着声音看过去。

天哪！就在我的旁边，有一个小梨子正不住地颤抖。

“糖糖，是你吗？”我小声地问道。

“乐乐，乐乐，是我！我好害怕，我们怎么都变成了梨子？”旁边的小梨子回答我。

我跟他们一样也变成了一个梨子。我努力地挣扎着，想要从枝头挣脱下来。可是，无论我怎么努力，都没有办法挣脱。

▶ 如果你跟我们一样变成了梨树上的梨子，你会怎么办？是不是会大哭大叫呢？其实，在我们遇到一时难以解决的问题时，大哭大叫没有任何作用。我们应该让自己冷静下来，想办法去解决。

③ 一只会说话的神奇小狗

我们害怕得边哭喊边挣扎，但是没有谁搭理我们。慢慢地，我们累了，就像其他的梨子一样安静地挂在树上。

“你……你们快看，太阳……太阳……”鼠标突然大声地叫嚷起来。

天哪！太阳突然快速运动起来，就像流星一样从空中滑落，转瞬间天就变黑了。

难道地球要毁灭了吗？

▶ 地球上大多数生物的生长都需要从阳光中吸取能量。比如我们变成的梨子，就要不断地吸收阳光的能量，然后将其转化成生长所需要的营养物质。

我的脑子里刚闪过这个念头，黑夜就过去了，太阳又升起来了……就这样，太阳飞速地升起、降落，降落、升起，其中还夹杂着风雨。一转眼，不知道多少个日日夜夜过去了。在这段时间里，我感觉到我的身体在不断地发生变化，先是一点点地变得强壮，浑身上下充满了力量，然后又感觉到那股力量在慢慢地流失，就像是被什么抽走了一样。

挂在枝头上的我们已经没有任何力气说话了。突然，一阵风吹了过来，我身边的鼠标离开了枝头，糖糖也离开了，在我感觉到身子一震的时候，我也离开了。

我们直直地向下坠落，眼看就要撞到地面，我忍不住大声地叫喊起来。

砰！砰！砰！三声爆竹爆炸般的声音响起，我们的身体炸开了，然后一屁股坐在了地上。那棵梨树也在同一时间消失得无影无踪。

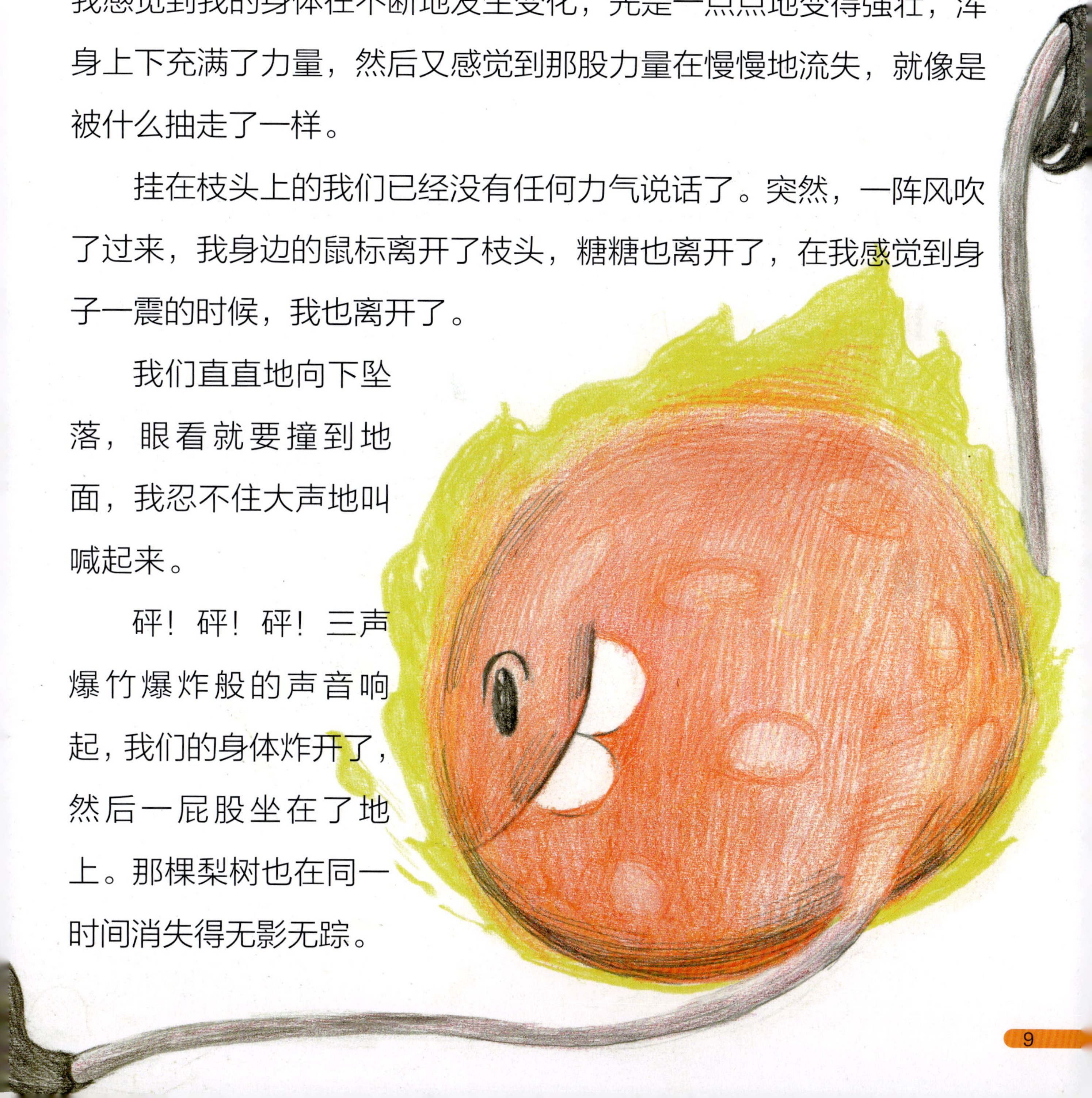

这究竟是怎么回事？难道我在做梦吗？我看了看鼠标，又瞅了瞅糖糖。他们跟我一样一脸的茫然。

就在这时，我感到身子变得轻飘飘的，竟然慢慢地向天空中飘去。

我们三个人吓得紧紧地抱在一起。

我们就这样向上飘着，越飘越高。我们越来越害怕，不知道自己会飘到哪儿。

“汪汪。”我竟然听到了小狗的叫声。

我们之前看到的那只小狗正慢慢地向我们飘过来，小狗的身边还有一个老人。

▶其实，我们人类在地球上是不可能像鸟类，或者是神话传说中的神仙那样靠自身的力量飞起来的。因为，两个具有质量的物体会产生相互吸引力。我们吸引着地球，地球也同样吸引着我们。这种相互吸引力和人类的身体条件让我们无法自己脱离地球的表面而飞起来。

“杨爷爷，是杨爷爷！”我们看见了那个老人后，忍不住激动地叫喊起来。因为，杨爷爷就住在我们小区，他还给我们讲过许多很有趣很有趣的故事呢。

“哈哈，吓着了吧！你们不要害怕，我们这是在一个特殊的空间，很安全的！”杨爷爷笑着安慰我们。那只奇怪的小狗噌的一声跳到杨爷爷的肩头，不屑地看着我们，张开了嘴。

“一群胆小鬼！”我竟然听到它在说话。

这也太疯狂了，我们竟然遇到一只会说话的小狗。

▶如果我们想像小鸟一样在天空中自由地飞翔，需要具备很多条件，其中之一就是自身的质量要非常小。因为重力跟质量成正比，质量越大，地球的吸引力就越大。

4 梨子的生命简史

一时间，我、糖糖，还有鼠标都愣住了。我们忘记了还飘浮在天空，只是张大嘴巴、瞪大眼睛看着那只坐在杨爷爷肩头，像人一样跷着二郎腿，将前肢环抱在胸前的小狗。

“它叫小腊肠。”杨爷爷伸手摸了摸小狗的脑袋说，“你们不要害怕，我们在它设计的虚拟世界里。”

“虚拟世界？”我小心翼翼地问道。

“杨爷爷，你不会骗我们吧？”鼠标结结巴巴地说。

“哈哈，”杨爷爷笑了，“我怎么会骗你们呢！”

在杨爷爷的解释下，我们才知道到底发生了什么事。原来，小腊肠是杨爷爷发明制造出来的一只充满了神奇力量的机器狗，它能够根据杨爷爷的指令，设计出任何虚拟场景。我们之前所经

▶ 我们能看到物体，是因为物体将光线反射到我们眼底，然后通过视觉神经传递到大脑，在大脑中合成图像。

历的一切，包括现在正在经历的一切，都是小腊肠按照杨爷爷的意思设计出来的。

杨爷爷在说这些话的时候，鼠标的眼珠子骨碌骨碌乱转，不知道他在想什么。杨爷爷刚说完，他就猛地跳起，翻起跟头，一边翻一边大喊：“我是齐天大圣孙悟空，一个跟头十万八千里！”

我和糖糖看着鼠标，不知道他到底怎么了。

“笨蛋！”小腊肠瞟了眼鼠标，不屑地说道。

杨爷爷哈哈地笑了，十分开心。

“杨爷爷，”糖糖忽然想到了一件事，“地球会毁灭吗？”

“你说呢？”

“我……”糖糖不知道该怎么回答。

其实，我知道糖糖心里已经有了答案，只不过她跟我一样，不愿意承认罢了。

杨爷爷看着我们点了点头，伸手拍了拍坐在自己肩头的小腊肠。小腊肠跳了下来，跳到

了我们的面前。它低下头，将尾巴高高翘起，然后摇了摇。一道光从它的尾巴上射出，在我们面前不远的地方出现了一棵巨大的梨树，就如同我们看到过的那棵梨树一样。

在梨树的枝头，有一朵雪白的梨花在慢慢地绽放。随着日升日落交替，那朵梨花结成了一枚青色的小果子，小果子慢慢地长大、成熟，最后掉在了地上，再渐渐腐烂，融入了泥土之中，再也看不到它的影子。

我们看到了一个梨子从开花、结果到最后化为乌有的过程。

▶就像梨树上的梨子，我们赖以生存的地球，同样会遵循“诞生—成长—衰老—死亡”这一客观的自然规律。我们所需要做的并不是担心与害怕，而是应该想一想，如何减缓它衰老的速度。

▶地球是太阳系的八大行星之一，你知道地球是怎样形成的吗？有人认为是一颗恒星撞击了太阳，太阳抛出的物质形成了地球（灾变说）；有人认为地球是太阳从邻近的空间俘获而来的（俘获说）；还有人认为，地球和太阳一样，是由一片星云形成的（星云说）。其中，星云说最早由德国哲学家康德提出。

5 鼠标的尖叫

地球会衰老和死亡，这是事物发展的规律。只不过相对于梨子等事物来说，地球从诞生到消亡阶段的时间跨度很长很长。

“如果地球真的毁灭了，我们怎么办哪？”糖糖忍不住焦急地问道。

我不知道怎么安慰她。

“毁灭就毁灭了呗，我们还有什么办法，大不了搬到别的星球上去！”鼠标跑过来说。

“你……”糖糖气得说不出话来。

鼠标却笑嘻嘻地对杨爷爷说：“杨爷爷，您说我说得对吗？”

杨爷爷没有说话，只是微笑地看着我们。

鼠标见杨爷爷没有回答，有些尴尬地摸了摸脑袋，自言自语地小声说：“难道我说错了吗？”

依然没人回答。他真的觉得有些不好意思了，向四周看了看，突然问道：“小腊肠呢？”

果然，小腊肠不知道去哪儿了。就在我们四处寻找的时候，突然听到鼠标声音颤抖着说：“你……你们看那是什么？”

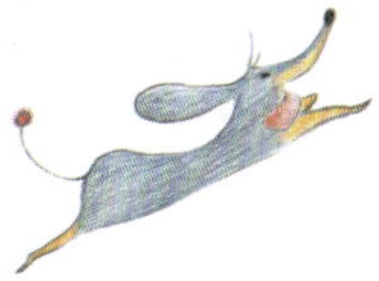

▶有科学家预测地球还拥有约50亿年的寿命，似乎时间很长。但是，我们依然要从现在开始保护我们的地球。因为，在漫长的地球演化史中，曾经有许许多多的物种消失，例如在人类统治地球之前就存在的恐龙。

⑥ 来到了火星和月球

一个奇怪的家伙正驾驶着飞行器朝我们飞来。

外星人!

我们一下子变得紧张起来,不由自主地紧紧靠在杨爷爷身边。可是,杨爷爷似乎一点都不害怕,反而笑了。

“小腊肠,别调皮了!”杨爷爷冲着向我们飞过来的飞行器说道。

砰的一声,飞行器和坐在里面的奇形怪状的外星人消失了,出现在我们面前的是那只可爱的机器小狗——小腊肠。

发现不是真正的外星人,鼠标的胆子也变大了,他盛气凌人

▶ 虽然我们人类一直在积极地探索外太空，渴望能够找到地球之外的生命，但迄今为止还没有有力的证据证明地球之外有生命存在。

地走到小腊肠跟前，伸出手要给它一点教训。可是，他的手还没有落到小腊肠的脑袋上，我们眼前的景象又是一变。

出现在我们面前的，是一片红色的沙漠。而我们也不知道什么时候穿上了厚厚的航天服。

“这是哪儿？”鼠标问道，一落到地面，他就开始四处张望。

“火星。”杨爷爷淡淡地说。

“什么？我们到火星了！”鼠标瞬间变得激动起来，大声地叫嚷着。

小腊肠像看傻瓜一样地看着他。

▶火星跟我们生活的地球有很多共同点。自1960年10月10日苏联向火星发射史上首枚探测器以来，世界上的各个国家便开始了对火星的探索计划。2020年7月23日，我国首个火星探测器“天问一号”发射成功。

“杨爷爷，你说我们人类是不是可以搬迁到火星上来生活？”鼠标显得格外兴奋。

杨爷爷摇了摇头，告诉我们目前火星不适宜我们人类居住。

“那么别的星球呢？比如月球。”鼠标接着问道。

他的话刚说完，我们倏地又出现在月球的表面。我们看到了一串大大的脚印。杨爷爷说那是人们首次登上月球时留下来的。

“真的吗？”鼠标尖叫着，迈步就要跑过去。我和糖糖也跟在后面追赶。没想到

▶ 1969 年 7 月 20 日，美国的“阿波罗 11 号”宇宙飞船载着三名航天员成功登上月球。美国航天员尼尔·奥尔登·阿姆斯特朗在踏上月球表面这一历史时刻，道出了那句被后人奉为经典的话：这是个人迈出的一小步，却是整个人类迈出的一大步。

的是，我们浮了起来，朝前面飘去，完全不能控制住自己的身体。

糖糖吓得大叫。

“汪汪，”小腊肠也飘了过来，说，“你们难道不知道月球上的引力要比地球上小很多很多吗？”

我们玩得高兴极了。鼠标在不停地用力往上跳，他跳得很高很高。“乐乐，乐乐，你看，我跳得高吗？”鼠标一边跳一边大声地叫喊。

糖糖也开心地咯咯笑起来，似乎忘记了自己刚才还在担心地球会毁灭。

杨爷爷在一旁微笑地看着我们。

7 人类依靠什么生存

离开了月球，我们又去了太阳系中的其他几个行星。

我们看到了上空闪电频频的土星，看到了木星上旋涡状的云团……但是，我们并没有遇到外星人，也没有看到其他生命体。虽然，我们对自己所看到的一切感到很新鲜，但是，随着时间的推移，一开始的兴奋也就慢慢地减退了。

“如果地球真的毁灭了，我们人类能在这些星球上生存吗？”糖糖满脸愁容地问道。

“糖糖，你怎么老想这件事啊？”鼠标不解地看着她，“杨爷爷不是说了吗，现在离地球毁灭还早着呢！”

杨爷爷没有说话，而是望着眼前的星空。小腊肠跳上杨爷爷的肩头，又跷起了二郎腿。

“杨爷爷！”糖糖目不转睛地盯着杨爷爷，希望能得到答案。

看着糖糖那焦急的样子，小腊肠也似乎有些着急，发出了不安的呜呜声。杨爷爷轻轻地摸了摸小腊肠的脑袋，问：“你们谁能告诉我，人类生存需要哪些必备的条件？”

“食物，好吃的！”鼠标第一个大声回答。

“吃、吃，你就是一个吃货，我们是在说很重要的事，你就别捣乱了好吗，鼠标？”糖糖有些不乐意地埋怨道。

▶诺贝尔物理学奖得主、瑞士天体物理学家米歇尔·马约尔曾表示，探索外星生命是天文学家的浪漫，并指出：“我们说生命的时候，我指的并不是像我们一样的高等生命体，它也可能是细菌，它们也是生命。”

“我难道说错了吗？你不用吃东西吗？”鼠标和糖糖争吵了起来。

杨爷爷还是没有说话，只是笑着看着他们。鼠标和糖糖谁也没能说服对方，几乎同时冷哼了一声，找杨爷爷评理。

“杨爷爷，你说我们谁说得对？”

杨爷爷没有回答，看着我，问：“乐乐，你说呢？”

我点了点头，说：“鼠标说得没错！”

“还有吗？”杨爷爷接着问道。

▶阳光、水、空气是形成生命的三要素。

对于乐乐说的，杨爷爷没有做任何评价，而是问我们还知道哪些关于月亮的传说。当他看到我们不住地摇头后，便跟我们说起了常仪生月的故事。传说，月亮是上古神话传说中的天帝帝俊的妻子常仪生下来的，一共十二个。

我真佩服古人的想象力，他们竟然会认为月亮是这么来的。鼠标和乐乐跟我一样觉得有些不可思议，都目不转睛地看着杨爷爷，像在问古人怎么会这样想。

“想象，可不是胡思乱想，它跟我们的认知有着很大的关系。”杨爷爷笑着跟我们解释，“说得简单一些，就是跟我们所看到的事实有一定的关系。”我好像听懂了。

乐乐若有所思地点了点头，不太确定地说：“是不是古人看到孩子都是由母亲生出来的，就认为月亮也跟人一样呢？”

杨爷爷笑了，说乐乐说得一点都没错。但是我们都知道那些只不过是神话传说，于是更想知道月亮究竟是怎么来的了。

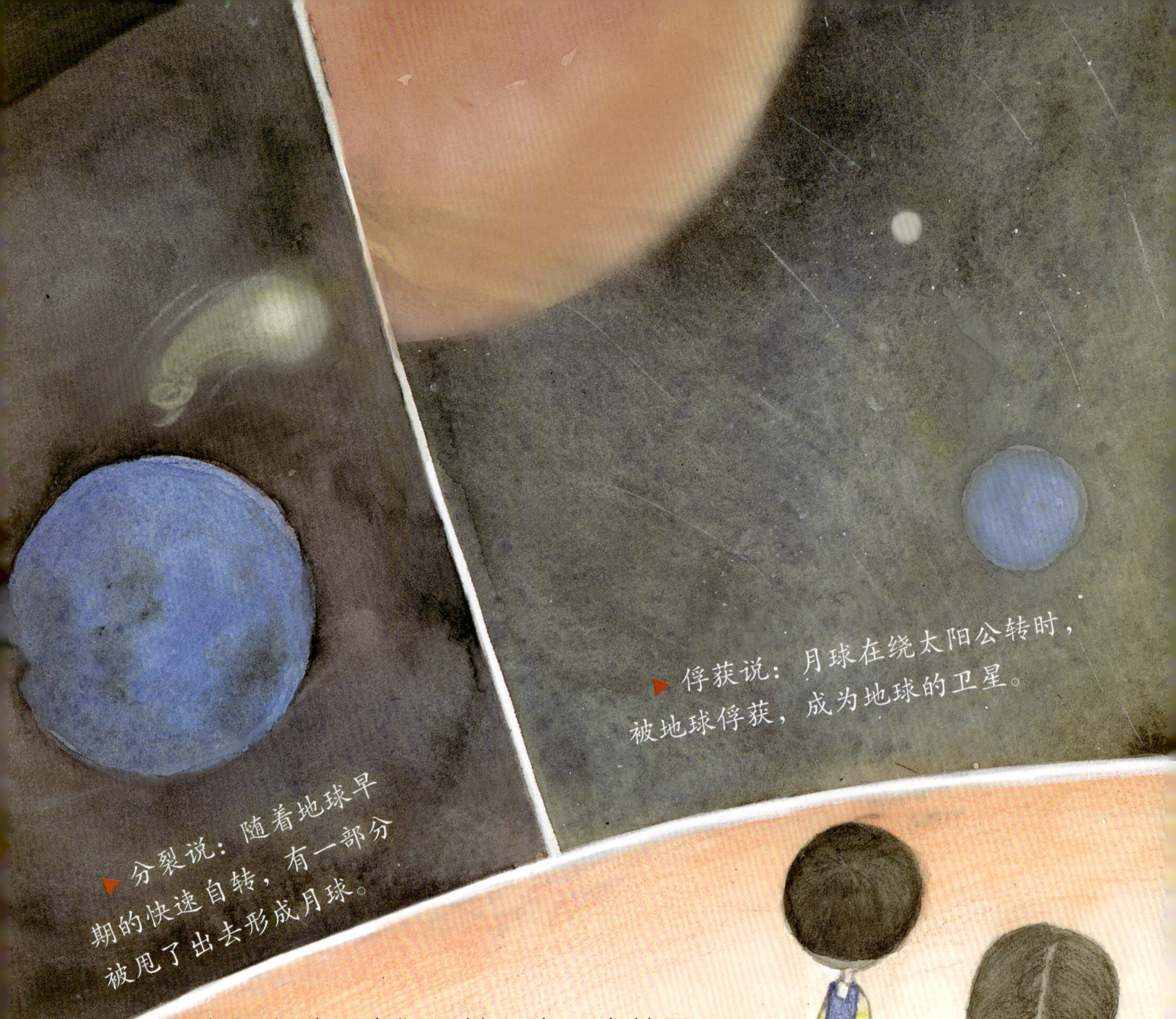

▶ 分裂说：随着地球早期的快速自转，有一部分被甩了出去形成月球。

▶ 俘获说：月球在绕太阳公转时，被地球俘获，成为地球的卫星。

就在这时，我们眼前四个巨大的显示器亮了。杨爷爷领着我们来到了显示器前，我们看到了四幅不同的画面。

“到目前为止，现代的科学家认为，月球极有可能是在这四种情况下诞生的。”杨爷爷一边指给我们看一边说。

▶同源说：一大片星云不断地旋转、聚合，同时形成了地球和月球。
▶撞击说：一块陨石撞在地球上，地球被撞出了一些碎块，碎块聚集形成月球。

8 月食的故事

“那么，到底哪一种才是真的呢？”乐乐忍不住问。

“哈哈！这个嘛，都有可能是真的，也可能都不是，到底是怎么回事，就看你们了。”杨爷爷看着我们笑着说道，“对于任何事物，我们的认识都是从无到有，从模糊到清晰的，对于月球，也一样。”

杨爷爷说，关于月球到底是怎么来的，科学家们还不能百分之百地确定。但是，知道地球与月球之间的关系对我们

十分重要，而且聪明的古代人通过观察月球变化，总结出了许许多多的规律来帮助我们人类更好地生活。

我们围坐在杨爷爷的身边，静静地听着他跟我们说有关月球的事。

“月球，是离我们地球最近的天体，也是跟我们息息相关的天体。在很久很久之前，人们就开始探索它的秘密，不过跟它相关的一些自然现象，对于当时的人来说是无法理解的。于是，人们留下了许多美丽的传说和有趣的故事。”杨爷爷笑着说，“例如月食，你们说说关于月食的故事。”

▶古时候，人们并不知道月食是一种自然的天文现象，由于无法解释清楚，便出现了许多极富想象力的猜想，天狗食月的神话传说就是其中具有代表性的一个。

“传说在很久之前，有一个老妇人将给和尚吃的素馒头换成了狗肉馒头。玉帝知道后，就把她变成恶狗，关进了地府。她的儿子目连为了救她，打开了地府之门。目连的母亲和其他恶鬼一起逃了出来找玉帝报仇，结果没找到玉帝，就去追赶太阳和月亮，想把它们都吃了，让世界变得一片黑暗。因为狗害怕锣鼓声、鞭炮声，于是每当月食出现，人们就会敲锣打鼓、放鞭炮。他们认为这样能吓走恶狗，让它把吃掉的月亮吐出来。”

鼠标说了我想要说的天狗食月的故事。他在说这个故事的时候，还一脸坏笑地看了看一旁的小腊肠。

听鼠标说完后，小腊肠竟然不高兴地呜呜叫了几声。

“小腊肠，他不是说你！”我摸了摸小腊肠的脑袋说。

乐乐也安慰了小腊肠几句，说：“你们知道吗？

不仅仅在中国古代，在国外，以前有很多人也不知道月食是怎么回事，认为是上天降下的灾难。”

他跟我讲起了伟大的航海家哥伦布发现新大陆时的故事。据说，哥伦布和他的船员航行到牙买加时，与当地的土著人发生了冲突，被困住了。快要被饿死的时候，哥伦布猛然间想到了今天晚上会出现月食，于是，他就跟土著头领说，上天很生气，如果不给他们食物的话，就会降下灾难，把月亮收走。

土著们不相信，然而到了晚上，月光果然没有了——月食出现了。土著们见后都慌了，连忙答应给哥伦布一行人提供食物，希望上天不要收走月亮。

“哈哈！”鼠标听后笑得直捂肚子，“他们居然连这也信，太好笑了！”

▶ 哥伦布（约 1451—1506），全名克里斯托弗·哥伦布，意大利航海家，大航海时代的主要代表人物之一。

到这一点，便让小腊肠给我们模拟了一个完全处于真空状态的空间，让我们在里面大声地呐喊。确实，我只看到糖糖还有鼠标冲着我张大着嘴巴，像是在跟我说什么，但是我什么都听不到。

“乐乐是个胆小鬼！”忽然，我听见了鼠标大声嚷道。我有些生气地看着他。他依然在不停地大叫着：“胆小鬼，胆小鬼，乐乐就是一个胆小鬼……”到最后竟然哼唱起来。

糖糖瞪大双眼，看看我，又瞅瞅鼠标。

小腊肠笑得直打滚儿。原来，它已经结束了模拟出来的真空世界，可是，鼠标没有注意到这一点。

“鼠标，你说什么？”我生气地大声叫喊道。

“你……你怎么能听见我说什么？”鼠标一脸的尴尬。

“哈哈！”糖糖开心地笑了。

10 在鲸背上进行的有趣谈话

经过这个小插曲，小腊肠又将我们带到了蔚蓝色的海面上空。

海鸥贴着海面飞翔，在不远处有几艘游轮。咦？前面是怎么回事，竟然出现了一道水墙。就在我们疑惑不解的时候，一条巨大的鲸浮出水面，紧接着，便升起了一道像喷泉一样的水柱。

鲸真的好大呀，就像一座浮动的小岛。

“水，同样是维持人类以及地球上其他生命不可缺少的要素之一。”杨爷爷站在鲸的背上，看着浩瀚的海面说，“你们谁能告诉我，生命与水之间有什么关系吗？”

“没有水，就会很渴，会把人渴死的。”鼠标永远第一个抢答。

糖糖歪着脑袋想了想，说：“我记得水在人体重量中占

70% 左右，如果没有了水，我们人类……”

当然，我也说了一些我所知道的水与生命的关系。

杨爷爷在一旁静静地听着，没有说话，只是微笑地看着我们。

“海水真的很咸！”

突然，我听到鼠标在大叫，连忙看了过去。鼠标皱着眉头，冲着海面直吐口水，那样子就像吃了什么特别难吃的东西。看着他那副模样，我忍不住哈哈大笑。

“活该！”糖糖咯咯笑着，对鼠标做了一个鬼脸。

小腊肠更是乐得直打滚儿，险些从鲸背上掉到海里去。

“还有什么吗？”杨爷爷问。

▶ 因为地球表面上约 70.8% 的面积是海水，所以我们在太空中看到的地球是一个蔚蓝色的美丽球体。地球上的水可以通过气态、液态、固态三态的转换，在陆地、海洋和大气中进行循环。水在地球上这种无休止的循环运动被称为“水循环”。

11 杨爷爷的问题

我们想了一会儿，摇了摇头。

杨爷爷看着我们接着问道："那么，你们现在是不是有了答案呢？"

什么答案哪！一会儿变成了梨子，一会儿又到了太空……这么多神秘奇妙的经历，早就让我们忘记了我们是因为糖糖担心地

▶ 到目前为止，在太阳系的所有行星中，我们只发现地球上有生命存在。地球上有水、大气，有组成生命物质必要的碳、氢、氧、氮等元素，还有适宜的地表气温。

球毁灭，人类无法生存，才开始这段奇幻旅程的。幸好，小腊肠提醒了我们。

一时间，我们沉默了。因为，在火星、月球以及其他的星球上，我们并没有发现生命体。我们在这些星球上很难像现在这样正常地生活。

过了好一会儿，糖糖才小心翼翼地问：“杨爷爷，难道就没有别的办法把它们改造一下，让它们跟地球一样吗？”她看起来十分悲伤。就连一贯好动、什么都不在乎的鼠标也变得沉默不语了。

是啊！如果有一天地球真的毁灭了，我们人类该怎么办呢？

为什么在整个太阳系中，只有地球才适合人类生存呢？

我想了很多很多，脑子里面有许多的疑问，为地球和我们人类的未来而担忧。我希望杨爷爷能够给我一个答案，更希望杨爷爷会告诉我，人类一定有办法生存下去。但是，我看到杨爷爷跟我们一样，紧皱着眉头，一脸的忧郁。

我想，他可能跟我们一样，也在为这件事担忧，却又找不到很好的解决办法。

▶ 地球与太阳的距离刚刚好，接收的光照适中，植物可以自如地利用太阳光进行光合作用，维持生命。

▶地球自转周期为 23 小时 56 分，公转周期为 365.25 天。公转轨道是椭圆形的，并且与赤道面相交，因此地球有四季和昼夜变化。

▶地球外围的大气层吸收、反射、散射和折射了太阳辐射的部分能量。

12 生命的起源

就在我们沉默的时候，我们又被带到了太空中，漂亮的蓝色地球就在不远处。

“在宇宙中，地球是我们人类现在所知的唯一存在生命的星球。它有着神奇的磁场、宜居的温度，还有生命体所需的阳光、水和空气。”

听完杨爷爷的话，我们更加地惊叹于宇宙与地球的神奇。同样，我们也知道了宇宙中虽然有许许多多的星球，但是，要想找到像

▶蛋白质和核酸是生物体内起着重要作用的大分子物质。蛋白质是生物体进行活动的基础，而核酸对生物的生长、遗传、变异等起到决定性作用。

地球一样，适合我们人类以及地球上其他生命生存的星球很难很难。

就在我们为人类以及人类赖以生存的地球的命运感到担忧时，阵阵清脆的海鸥鸣叫声在我的耳边响起。我们又回到了刚才的海面上，依旧站在像小岛一样的鲸背上。

“你们知道为什么人们说水是生命的起源吗？”杨爷爷问。

我们摇摇头。

“这是因为地球上最古老的生命——蓝细菌，诞生于大约 35 亿年前的原始海洋中。”

▶以目前的研究发现，地球上最早的生命是蓝细菌。在地球诞生之初，地球上的大气中没有氧气，不过有很多二氧化碳。蓝细菌通过光合作用吸入二氧化碳，释放氧气，是最早的氧气生产者。

13 每个人都应该做的事

“嘿嘿，”鼠标吐了吐舌头，笑着说，“我原先还真的以为人是女娲用泥巴捏的呢！”当然，他的这一番话又惹得糖糖一顿埋怨。

“臭鼠标，你怎么一点都不关心重要的事啊！”糖糖责备了他一句，转身问杨爷爷，“杨爷爷，如果有一天地球真的毁灭了，那我们人类……”

“傻孩子，”杨爷爷轻轻地抚摸着糖糖的脑袋，“这些都是自然发展的规律，而且是很久很久以后才会发生的事。”

他说到这儿，停顿了一下，看了看我们，说：“事实上，科学家们一直在努力探寻延缓地球衰老的方法，例如现在，全世界都在探索如何缓解全球变暖。”

“小腊肠，带乐乐他们去看看全球变暖带来的危害吧！”杨爷爷一边说着话，一边拍了拍小腊肠的脑袋。

下一秒，我们出现在一架直升机里。

直升机在快速地飞行，我透过窗户，往下看去，看到了一幕幕让我惊诧万分的画面：冰川消融，海平面升高，台风海啸肆虐，人类没有淡水可以饮用……

就在我们为看到的这些感到惊恐不已的时候，小区的院子出现在了我们眼前。站在院子里，看着坐在长凳上的杨爷爷和蹲在他身边的小狗——小腊肠，我不禁怀疑自己刚才是不是做了一场梦。

“汪汪！”小腊肠冲着我们欢快地叫着。

“乖，安静点。”杨爷爷摸摸小腊肠，笑着对我们说，“为了保护地球，你们觉得我们应该做点什么呢？”

此时我才明白，刚才经历的一切不是梦。对于刚才发生的一切，我既感到惊奇，又觉得沉重。因为，我了解了地球之后，也意识到地球正处于怎样的危险之中。如果不从现在开始保护地球，阻止全球变暖，那么我们人类将……我不敢再想下去。

“我们出去玩的时候，应该多乘坐公共交通，不要总让爸爸妈妈开车，那样就能减少二氧化碳的排放量，减少对环境的污染。”糖糖想了想，说，“全球变暖跟温室效应有关。我记得，造成温室效应的原因之一，就是工业生产中排放到空气里的二氧化碳等气体过多。”

“还要少开空调，节约用水。”鼠标接着说道。

我想了想，说：“我们还应该学会节约用纸，因为纸是由树木制作而成，而树有吸收二氧化碳、净化空气的作用。”

我们说了很多很多，杨爷爷听后连连点头，表扬我们说得都很对，但是要求我们不仅仅要说到，还要做到。

我们大声地说：“我们会的！”

第二天，我们在院子里栽种了一棵树。虽然，一棵树的作用很小很小,但假如世界上每个人都种一棵树,地球就有了很多的“捕碳小能手”。

我们刚把树栽种好，杨爷爷和小腊肠就走了过来。我们围着杨爷爷，说：“杨爷爷，杨爷爷，我们还想让小腊肠带我们去更好玩、更神奇的地方，可以吗？”

“汪汪！”小腊肠冲着我们得意扬扬地叫了几声。

“当然可以，不过你们要先想好下一次旅程去探索什么哟！”杨爷爷笑着说。

小朋友，你希望了解些什么，又期待开启什么样的神秘之旅呢？仔细想一想，咱们下次见喽！

接下来还有怎样的奇妙之旅呢？
敬请期待吧！

SUNRAIN PUBLISHING STUDIO
太阳雨工作室

有声伴读

宇宙的奥秘

神秘的月亮

李　硕◎编绘

长江出版传媒 | 长江少年儿童出版社

图书在版编目（CIP）数据

宇宙的奥秘 / 李硕编绘 . — 武汉 : 长江少年儿童出版社 , 2024.1
ISBN 978-7-5721-4342-7

Ⅰ . ①宇… Ⅱ . ①李… Ⅲ . ①自然科学－少儿读物 Ⅳ . ① N49

中国国家版本馆 CIP 数据核字（2023）第 203932 号

神秘的月亮
SHENMI DE YUELIANG

策　　划：太阳雨工作室
责任编辑：李　郁
整体制作：太阳雨工作室
责任校对：邓晓素
督　　印：邱　刚

出版发行：长江少年儿童出版社（湖北省武汉市洪山区雄楚大街 268 号　邮编 430070）
印 刷 厂：唐山楠萍印务有限公司
规　　格：889mm × 1194mm　1/16
印　　张：10.5
版　　次：2024 年 1 月第 1 版　2024 年 1 月第 1 次印刷
印　　数：1—10000
书　　号：ISBN 978-7-5721-4342-7
定　　价：198.00 元（全三册）

跟我们一起，

开始奇妙的科学探索之旅吧！

前　言

小朋友们，你们好！

我是糖糖，你们知道小腊肠吗？它是我的好朋友—— 一条神奇的机器狗。你们可能不知道它有多么神奇，它能带我们去任何想去的地方，让我们了解想要知道的任何事。怎么说呢？就是它总会给我们带来惊喜。

前不久，它就带着我、乐乐，还有鼠标，进行了一次神奇的旅行。我们先是变成梨子，后来又到了太空，我们知道了：诞生—成长—衰老—死亡，是世界上万事万物都遵循着的客观规律，我们赖以生存的地球也无法逃脱这一规律。旅行让我们更进一步认识和了解宇宙，知道了为什么要保护环境。

接下来，我们又会去哪里呢？跟着我们一起开启这次奇妙之旅吧！

糖糖

目 录

和我们一起探索月亮的秘密吧！

1 快看，月亮！

就像以往无数个星期六的下午一样，我和乐乐，还有鼠标，在小区的院子里面玩。当然了，还有可爱的小腊肠。

“你们快看！”

突然，鼠标指着天空大声地叫嚷起来。

我顺着鼠标手指的方向看了过去。天哪！太阳都还没下山，我竟然看到一轮月亮挂在天空。

月亮怎么会在白天出现呢？就在我感到疑惑不解的时候，乐

乐撇了撇嘴，满不在乎地说：“不就是月亮吗？这有什么大惊小怪的，我还以为你看到飞碟了呢！”

“你……”鼠标脸涨得通红，“那你说说，月亮为什么会在白天出现？”

“你想知道吗？但是，我偏不告诉你！”乐乐像在故意逗鼠标，说完，便笑着跑向正在追着球玩的小腊肠。

鼠标微微一愣，看着我，尴尬地笑了笑，问：“糖糖，乐乐肯定不知道是怎么回事，你知道吗？”

白天为什么能看到月亮，而且月亮还那么圆？

▶ 在白天，我们是很难看到月亮的，但是，你是不是也曾经在白天看到过月亮出现在天空呢？这究竟是怎么回事呢？

虽然我并不能完全说清楚原因，但是，我隐隐约约地知道，这肯定跟太阳、月亮还有我们所在的地球之间的角度有关系。

为什么这么说呢?

这就好像我们平时照镜子一样，镜子本身是不发光的，我们之所以能看到镜子中的物体，是因为镜子反射的光线进入我们眼底，从而形成了影像。

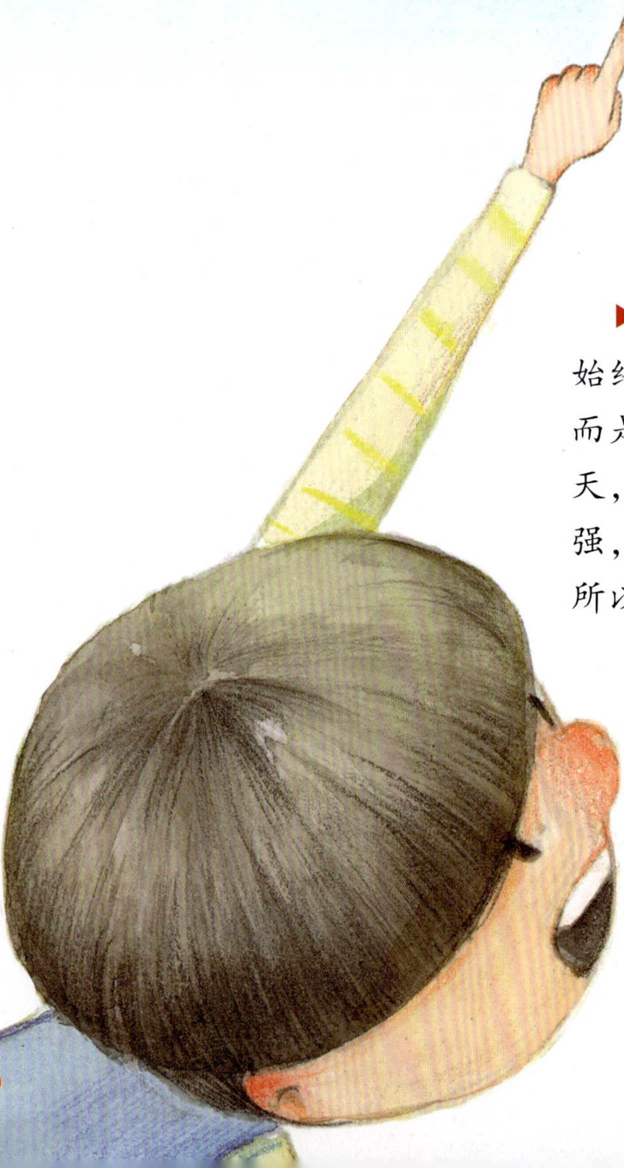

▶其实无论是在白天还是黑夜，月亮始终都在天空中。月亮自己不能发光，而是靠反射太阳光才能被我们看见。白天，强烈的太阳光比月亮反射的光线要强，就完全遮盖住了月亮反射的光线，所以我们用肉眼很难看到月亮。

我把我所想到的告诉了鼠标。我们正说着，乐乐追着小腊肠跑了回来，他们的后面跟着杨爷爷。

“你们在讨论什么呢？”杨爷爷笑着问我们。

我和鼠标还没开口，乐乐指着天空中淡淡的月亮，说：“还能有什么，不就是白天出现了月亮呗！”

“哦！”杨爷爷抬头看了眼天空中的月亮，“还真奇怪，白天月亮怎么跑出来了，你们谁能告诉我为什么？”

2 我们知道的关于月亮的事

“月亮其实一直都在天上，没有离开我们哪！”乐乐不屑地回答道。

“那么，你说说为什么我们白天看不到它。”鼠标虽然知道了是怎么回事，但是仍然想要刁难一下乐乐。

我没有说话，只是静静地看着他们，想知道乐乐怎么说。

“这个……这个……”乐乐犹豫了一会儿，才说，“那是因为白天太阳的光线太强了，把月亮的光线遮住了。”

杨爷爷在一旁笑着点了点头，说乐乐说得不错。不过，他想知道，我们还知道哪些有关月亮的事。

哈哈，这怎么能难倒我们呢？于是，我们七嘴八舌地把自己所知道的一股脑儿说了出来。

“月亮是月球的通称，它是地球的卫星，始终围绕着地球转动，月球围绕着地球转一圈的时间大概是一个月。”

“在月球表面有许多的环形山。”

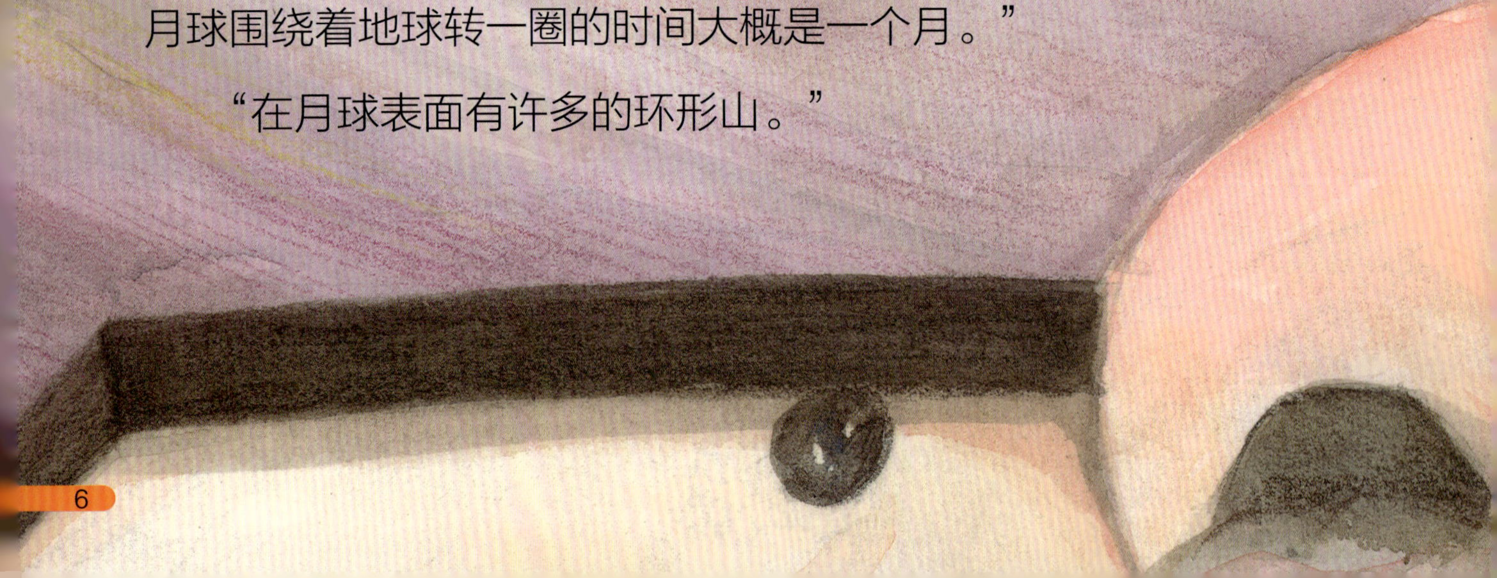

“它比地球小，对物体的引力也小，人在上面轻轻一跳，就能跳得很高很高。”

▶ 月球是离我们地球最近的天体，它与地球的平均距离为384401千米。它也是地球唯一的天然卫星，并且是太阳系中第五大的卫星。它的直径约是地球的1/4，质量大约是地球的1/80，其表面布满了由陨星撞击或火山爆发形成的环形山。

3 被小腊肠鄙视了

我们滔滔不绝地说着自己所知道的有关月亮的事，杨爷爷听得连连点头。可是，在一旁的小腊肠不以为意，还显得有些不耐烦。

“汪汪！”就在我们还要继续说下去的时候，它突然打断了我们，“没意思，太没意思了！你们说的这些，地球上的人都知道。你们能说点别人不知道的吗？”

确实，我们说的那些，都是大家知道的，虽然我们想要说一点新奇的，但是，我们也不知道哇。

听到小腊肠这么说，一时间，我们感到有些尴尬，只能怔怔地看着小腊肠，谁也没有再说什么。

“你……你难道比我们知道的多吗？”鼠标有些不乐意，过了好一会儿，才结结巴巴地说，“你要是知道，你说说看！”

“汪汪！”小腊肠得意地叫了几声，噌地跳到石阶上，摇头晃脑地问了我们一系列的问题，“在古代，人们把月亮叫什么？为什么有时候月亮看起来是红色的？为什么我们晚上看月亮的时候，好像看到月亮上有一棵树？月亮跟

▶现在，我们把月亮叫作月球，那么，你知道在古代人们把月亮叫作什么吗？

我们的地球有什么关系……”

在听到小腊肠一口气问了这么多的问题后，我觉得自己的脑子不够用了。它说的那些，有的我知道，有的我并不怎么清楚。我想，乐乐和鼠标，肯定也跟我一样吧！不然，他们怎么一句话也不说，而是和我一样目瞪口呆地看着小腊肠，都忘记了杨爷爷还站在我们的身边呢？

4 真的有嫦娥和玉兔吗？

“咳咳……”就当我们感到有些窘迫的时候，杨爷爷轻轻地咳了两声。听到他的咳嗽声后，我突然反应过来，心想：小腊肠问的那些，虽然我们不怎么清楚，但是杨爷爷知道呀！我们为什么不问问杨爷爷呢？

“杨爷爷，杨爷爷！”于是，我连忙跑到杨爷爷的身边，说，“您能告诉我小腊肠刚刚说的那些问题的答案吗？”

乐乐和鼠标也立刻围了过来。

可是，杨爷爷只是看着我们笑，并没有说话。

看到杨爷爷这副模样，我不由得感到有些怀疑，怀疑杨爷爷是不是跟我们一样，不知道小腊肠所说的那些问题的答案。

乐乐和鼠标不解地盯着杨爷爷，直挠头。

小腊肠还在石阶上，像人一样站着，两手抱在胸前，一副得意扬扬的样子，显得很神气。我想，它肯定是因为难住了我们而高兴吧！

我很想知道小腊肠刚才说的那些事的真相，虽然我并不怎么喜欢它这种“小狗得志”的样子，但我还是面带微笑地向它走去，想要它告诉我答案。

就在这个时候，我看到小腊肠的脸上浮现出奇怪的笑容，紧接着，它将尾巴竖了起来，并发出阵阵蓝色的弧光。

那道蓝色弧光瞬间将我们包裹住，我们眼前变得一片漆黑，什么都看不见。我不由得有些害怕，想要大声地尖叫。就当我张开嘴，想要大声呼喊时，我看到了从来没有见过的、圆圆的、巨大圆盘似的月亮。

我、乐乐 、鼠标 、杨爷爷，还有小腊肠竟然飘浮在空中，向月亮飞去。

真是太美了！看着眼前的月亮，我好像忘掉了所有的一切。

依稀间，我好像看到一棵大树的影子，在大树的旁边似乎有一只兔子。我不由得想起了嫦娥奔月的故事。难道嫦娥奔月的故事是真的吗？但是为什么我们人类已经登上了月球，却没有发现嫦娥呢？

▶我们在地球上看月球的时候，看到月球表面上像是有树或者人的影子，是因为月球的表面凹凸不平，有月海、月陆、环形山等结构。各区域对太阳光的反射程度和方向不同，导致我们看到的月球中有阴影。

▶ 在我国关于月亮的神话传说中，最为人们熟知的是嫦娥奔月的故事。嫦娥是射日英雄后羿的妻子，她偷吃西王母赐给后羿的不死药后飞到了月亮上。

在月亮上，除了嫦娥和小玉兔之外，还有一个叫作吴刚的神仙，他因为学仙有过被罚到月亮上砍树。

我一边胡思乱想，一边跟着杨爷爷他们向月亮飞去。

“乐乐，你们说月亮上真的有嫦娥吗？”

“玉兔也有吗？”

“有的话我们就想办法抓住它，把它送给糖糖！”

乐乐和鼠标在一旁叽叽喳喳地说个不停，还不忘记带上我。

很快，我们就来到了月球的表面。当然，在这个时候，我们的身上也不知从什么时候起，穿上了看起来有些笨重的宇航服。

月球并不像我们从地球上看到的那样美丽，更没有神话传说中的嫦娥、小玉兔。我所能看到的，只有厚厚的灰尘。这里没有高楼大厦，也没有鲜花和树木，显得那么的苍凉、冷清。我都觉得有些冷了。

鼠标和乐乐这两个家伙，刚才还说着什么要帮我逮小玉兔，在这个时候已经忘得一干二净了。特别是鼠标，他竟然一蹦一跳

地和小腊肠玩起了跳高的游戏，在比谁跳得更高更远。

“你们快看，我跳得够高够远吧！”鼠标高兴地冲我们大声地喊叫。

确实，他跳得很高很远，只是轻轻地一蹦，就像踩在弹簧上一样弹了出去。我想，如果上次体育课跳高的时候，他能像今天这样，就不会被老师批评了。

“哈哈，鼠标，你真的很厉害，如果上次……”我倒是没有说什么，乐乐却没有放过这千载难逢的取笑鼠标的机会。

“你……”鼠标有些不高兴，停了下来，跑到乐乐的面前想要反驳他，却又不知道怎么说。

我和杨爷爷看着他们直乐，小腊肠也撒欢儿了。

鼠标变得更加不好意思，都有些急了，脸涨得通红，死死地盯着乐乐。

“好了，乐乐、鼠标，你们别再闹了。你们还记得小腊肠提的问题吗？”我说道。

鼠标和乐乐连连点头，看了看月球的表面，又向杨爷爷看去。

我们在等待杨爷爷告诉我们答案。

5 这是谁留下的脚印？

“小时不识月，呼作白玉盘！”

杨爷爷冲着我们微微一笑，望着远方，缓缓地念出了这句诗。

这句诗出自唐代大诗人李白的《古朗月行》，我还会背呢。于是，我便一口气把剩下的诗文背诵了出来。杨爷爷听完后直夸我，并告诉我们，这首诗中的“玉盘”，就是古人对于月亮的一种称谓。他还告诉我们，古人对月亮的称谓有很多，例如太阴、玄兔、婵娟等。

听到杨爷爷这么说，我不由得有些蒙，因为这些称谓我从来没听说过，甚至很难想象它们是怎么来的。

古朗月行

［唐］李白

小时不识月，呼作白玉盘。
又疑瑶台镜，飞在白云端。
仙人垂两足，桂树作团团。
白兔捣药成，问言与谁餐。
蟾蜍蚀圆影，大明夜已残。
羿昔落九乌，天人清且安。
阴精此沦惑，去去不足观。
忧来其如何？凄怆摧心肝。

“把月亮叫太阴，是根据太阳来的吧？”乐乐想了想，说。

“乐乐说得不错！”杨爷爷点了点头，接着问，“那么，为什么又叫玄兔呢？”

“这个我知道，是古代人觉得月亮表面的阴影像一只兔子。”我刚想开口，没想到鼠标抢先说了出来。

“为什么又被叫作婵娟呢？”杨爷爷接着问。

“这个……”一时间我们真的被问住了。

我和乐乐歪着脑袋皱着眉在想答案，而鼠标懒得思考了，蹦蹦跳跳地跟小腊肠去别的地方探险了。

“喂，你们快过来，快来看看这是什么。”

突然，我们听到鼠标的声音从无线电设备中传来。

我们远远地看到鼠标和小腊肠蹲在地上，聚精会神地在看什么。

“鼠标，怎么了？”乐乐冲着鼠标大声地问道。

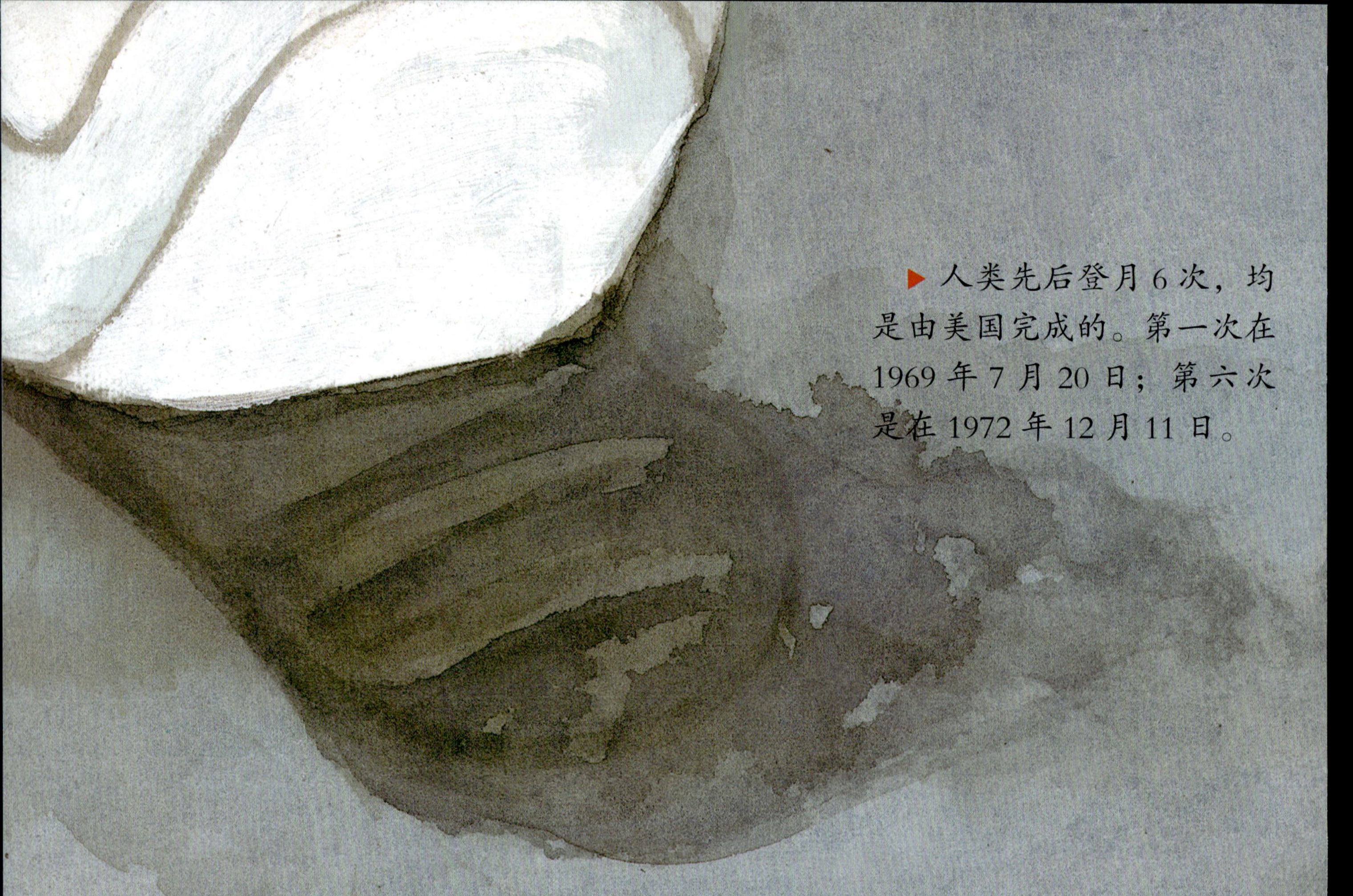

▶ 人类先后登月 6 次，均是由美国完成的。第一次在 1969 年 7 月 20 日；第六次是在 1972 年 12 月 11 日。

鼠标朝我们边挥手边说：“快点，过来你们就知道了。”

当我们来到鼠标的身边后，看到在他的面前有一串深深的大脚印。

乐乐只是扫了一眼，便说：“我还以为你发现了什么呢，不就是脚印吗？”他在说着这些话的时候，上上下下地打量了鼠标一番，脸上还露出古怪的笑，并问鼠标，这些脚印是不是他故意踩出来的。

“你……你自己看看！”鼠标急了，连忙把脚放在那脚印旁边，那脚印比他的脚要大上好几圈。

这是怎么回事？这些脚印是谁的？难道除了我们之外月球上还有其他的人？我心里面有无数的疑问，忍不住紧张地向四周看去。

“我知道，这肯定是以前登上月球的航天员留下的。”乐乐十分肯定地说。

真的是乐乐说的那样吗？我仍然有些怀疑，因为人类登上月球的次数不多，而关于人类在月球表面上活动的记载就更少了，好像最近一次都是在一九七几年。到现在已经过去了几十年，脚印怎么还会像刚刚踩上去的一样呢？

6 怎么看不到基地？

杨爷爷告诉我们，那些脚印确确实实是曾经登上月球的宇航员留下的，至于为什么几十年过去了，还跟不久前才踩上去的一样，那是因为月球上没有风。对于杨爷爷说的，我虽然不是十分了解，但是隐隐约约地有些明白。月球上的一切看起来都是静止的，当航天员的双脚落在厚厚的月壤上，人离开后脚印却留下了。

杨爷爷一边向我们说这些事，一边带我们沿着那串脚印向前走去。

我知道嫦娥、吴刚等都是神话传说中的人物，是不可能真实存在的，但是人类登上月球是事实。那么，在月球上会不会有科幻片里面一样的基地呢？我想到这儿，不由得好奇地向四周看去。

“糖糖，你在找什么呢？”小腊肠问我。

“奇怪了，我怎么没看到太空基地呢？”我跳了起来，跳得很高很高，看到的只是一些环形的小山丘或凹凸不平的地面。

“哈哈，糖糖，你肯定是科幻片看多了，我们人类的科学技术还没有那么厉害！”鼠标蹦蹦跳跳地飘了过来，对我说。

“糖糖，月球没有大气层，没有空气、水，我们人类又怎么能够生存，怎么建立基地呢？”乐乐听到后，也这么对我说。

我真的有些不理解了，因为我看过好多好多的电影，上面就有月球基地啊！难道那都不是真的？我歪着脑袋看着杨爷爷，心中不免有些失望。

我还以为，我们人类将来可以搬到月球上生活呢。没想到……我不由得有些失落，皱起了眉头。

▶许多在以前看起来是不可思议、难以想象的事，随着科学技术的不断发展，都在慢慢地变成现实。

看着我这副模样，杨爷爷哈哈笑着，摸了摸我的头，说：“虽说我们现在不能在月球上建基地，但是不代表以后不可以呀！”

“真的吗？那需要多久？”我将信将疑地看着杨爷爷。

杨爷爷再一次笑了，他说他也跟我们一样不知道要多久，但是他相信我们人类离那一天不会太远。因为我们人类真的很聪明，并且有着强烈的好奇心与探索欲，随着对世界的认知越来越深，对自然规律了解得越来越多，科学技术越来越进步，人类的本领也会变得越来越强大，一些我们现在看来难以做到的事，在以后也许会变得很简单。

杨爷爷越说越兴奋，他看了我们一眼，笑道：“你们可能想不到，我们现在所使用的一些东西，它们所拥有的功能，在古代人看来就像是神话传说中的仙术。”

“仙术？”鼠标对这些最感兴趣了，他挤到杨爷爷的面前说，“我知道，比如我们现在用的手机，哪怕离得再远，都能够听得见对方说话，还可以视频聊天。这不就是《西游记》里说的顺风耳和千里眼吗？”

我想了想，现在的很多东西真的都能让古代人目瞪口呆，例如神仙能腾云驾雾在天上飞，我们现在坐上飞机不就可以了吗？我忍不住想，如果我们现在坐着飞机到了古代，那些古代人看到我们后会怎么想。

我把自己心里想的说出来后，乐乐笑着说：“怎么想的？他们肯定很吃惊，会说，‘哇，好大的一只鸟！’”

7 月亮从哪儿来？

就当我们兴奋地幻想着，如果带上现在的一些高科技产品回到古代，古代人看到我们后会怎样时，我们忽然间发现身上臃肿的航天服不见了。更让我感到惊奇的是，我们被一个巨大的玻璃罩罩着，出现在我们面前的是一张大大的桌子，还有几张小椅子。

杨爷爷坐在桌子边，微笑着向我们招手，示意我们坐下来再说。

“现在你们知道我们人类的伟大了吧！”他笑着问我们。

我们连连点头。

“我们人类现在的一些发明创造，在前人们想象的神话故事中出现过；我们现在觉得像神话的，恰恰就是未来科技发展的方向。”我们坐下来没多久，杨爷爷深有感触地说出了这样一句话。

杨爷爷怎么突然间说这样的话，是什么意思

呢？我疑惑地看着他。

杨爷爷笑了笑，说：“我们认识和改造世界，都跟我们的想象力有着很大的关系。神话是我们人类在有限的认知中，用想象力对一些超出我们认知的部分进行解读，而我们人类的一些发明和创造，恰恰就是由这样丰富的想象力推动的。”

我们坐在那儿，安安静静地倾听。或许是我们太安静了，也可能是杨爷爷担心我们听不明白，便给我们举了一个例子：以前人们看到鸟儿在天上飞，就想着人能不能像鸟儿一样在天空中自由自在地飞翔，最后经过无数人努力，飞机被发明创造出来。

杨爷爷在说完这些后，突然话锋一转，又说到了月球：“虽然我们现在知道月球是地球的卫星，是离我们地球最近的天体，但是，你们知道古代人是怎么看待它，又认为它是怎么来的吗？”

“是盘古的眼睛变的。盘古在开天辟地后倒了下去，他的两只眼睛，一只变成了太阳，一只变成了月亮。”我抢在鼠标之前一口气说了出来。

很明显鼠标想要说的跟我一样，他挠了挠脑袋，嘟囔道：“这个我也知道……”看到鼠标那样子，我不由得心里面有一丝得意。可是，没有想到的是，杨爷爷继续问道：“那么，你们知不知道，古人为什么会这么认为呢？”

难道不是古代人想象出来的吗？我觉得杨爷爷问得有些怪，像在故意刁难我们。

“可能是因为太阳和月亮看起来是圆的，像人的眼睛吧！”乐乐想了想，眨了眨眼，说出了自己的看法。

我们想了一会儿，说还得有阳光、空气和水。

杨爷爷说我们回答得都不错，接着又问我们为什么这样回答。

“没有阳光，我们就生活在黑暗之中，什么都看不见！”又是鼠标第一个回答。

“还会很冷很冷！”糖糖接着说道。

杨爷爷看着我，等着我回答。但是，我知道的都被糖糖和鼠标说完了。

“再仔细想想，还有没有？”杨爷爷笑着问我们。

大家你看看我，我看看你，都摇了摇头。

“汪汪！”一旁的小腊肠对我们的回答似乎并不怎么满意。就在我们向它看过去的时候，意想不到的事又发生了！

8 在没有阳光的世界

我眼前突然变得一片漆黑，什么都看不见了！

“乐乐、鼠标、杨爷爷，你们在哪儿？”我还不知道发生了什么事，只听到了糖糖在害怕地呼喊。她几乎快要哭出来了。我知道她怕黑。

“糖糖，别怕，我在这儿！”

虽然我也怕黑，但仍然壮着胆子安慰她。我伸手向周围摸

去，好像摸到了什么：“是你吗，糖糖？”

“乐乐，乐乐，你们在哪儿啊？”糖糖的声音离我越来越远。

“你是谁？”我大声地问道，害怕得声音都有些颤抖。

“你说呢？”我听到十分奇怪的声音，那声音让我心里发寒。我捂住耳朵，可是它仍然不住地朝我的耳朵里面钻。

“你猜猜看哪，快点猜呀……”

“鼠标，不要再吓人了。”杨爷爷的声音在我的耳边响起，“没有阳光，我们除了看不见之外，还会觉得很冷。”

杨爷爷的话还没有说完，我就感到四周的气温在急速下降，整个人就像掉进了冰窟里，我把身子缩成一团，止不住地哆嗦。“阿嚏！”我忍不住打了个喷嚏。接下来，我感觉自己无法呼吸，动弹不得，就像被冰封住了一般。

就在我觉得自己快要受不了的时候，眼前忽地一亮。我看到

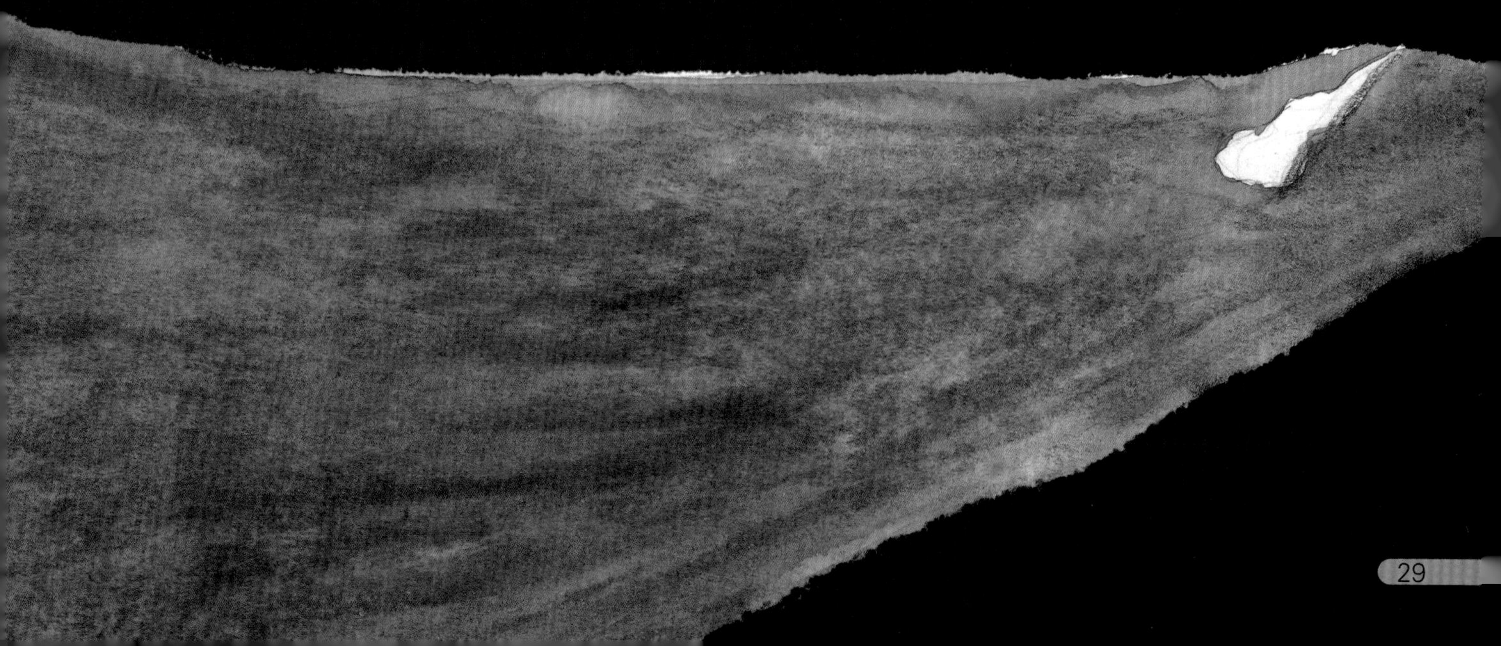

▶ 太阳照射到地球上的光，不仅带来了光明，也带来了能量。没有阳光，我们不仅会身陷黑暗，感觉到寒冷，更为重要的是，生活在地球上的生物都难以获得生存所需要的能量，会慢慢地灭亡。

了太阳、天空，阳光照在我的身上，驱走了寒冷，暖洋洋的。当然，我也再一次看到了糖糖、鼠标、杨爷爷以及小腊肠。

“刚才真的太冷了！”糖糖说。

鼠标在一旁看着我，带着满脸的坏笑。

“你们刚才进入了完全没有阳光的世界，但仅仅只停留在感官的刺激上，”杨爷爷看着我们说，“事实上，没有阳光所带来的后果远比刚才可怕。可以说，没有了阳光，我们就无法生存，世界也不会像我们现在看到的样子了。”

“为什么？”我们异口同声地问道。

“你们谁能告诉我，我们的地球，或者说世界，是怎么形成的吗？”杨爷爷没有

回答，反而笑着问道。

“宇宙大爆炸！”我们争先恐后地抢着回答。

“那么，你们听过盘古开天辟地的神话吗？”杨爷爷接着问。

“杨爷爷，该不会我们这个世界真的就是盘古用斧头劈出来的吧？”鼠标眨巴着小眼睛，不解地问。

糖糖和鼠标就像一对冤家，鼠标的话还没说完，糖糖就不屑地说：“哼，杨爷爷不是说了那是神话传说吗？”

“哈哈，你们俩就别争了。”杨爷爷笑着说，“虽然盘古开天辟地是神话故事，却告诉了我们一个道理，那就是盘古劈开了黑暗，有了光，才慢慢地有了充满生命活力的世界。”

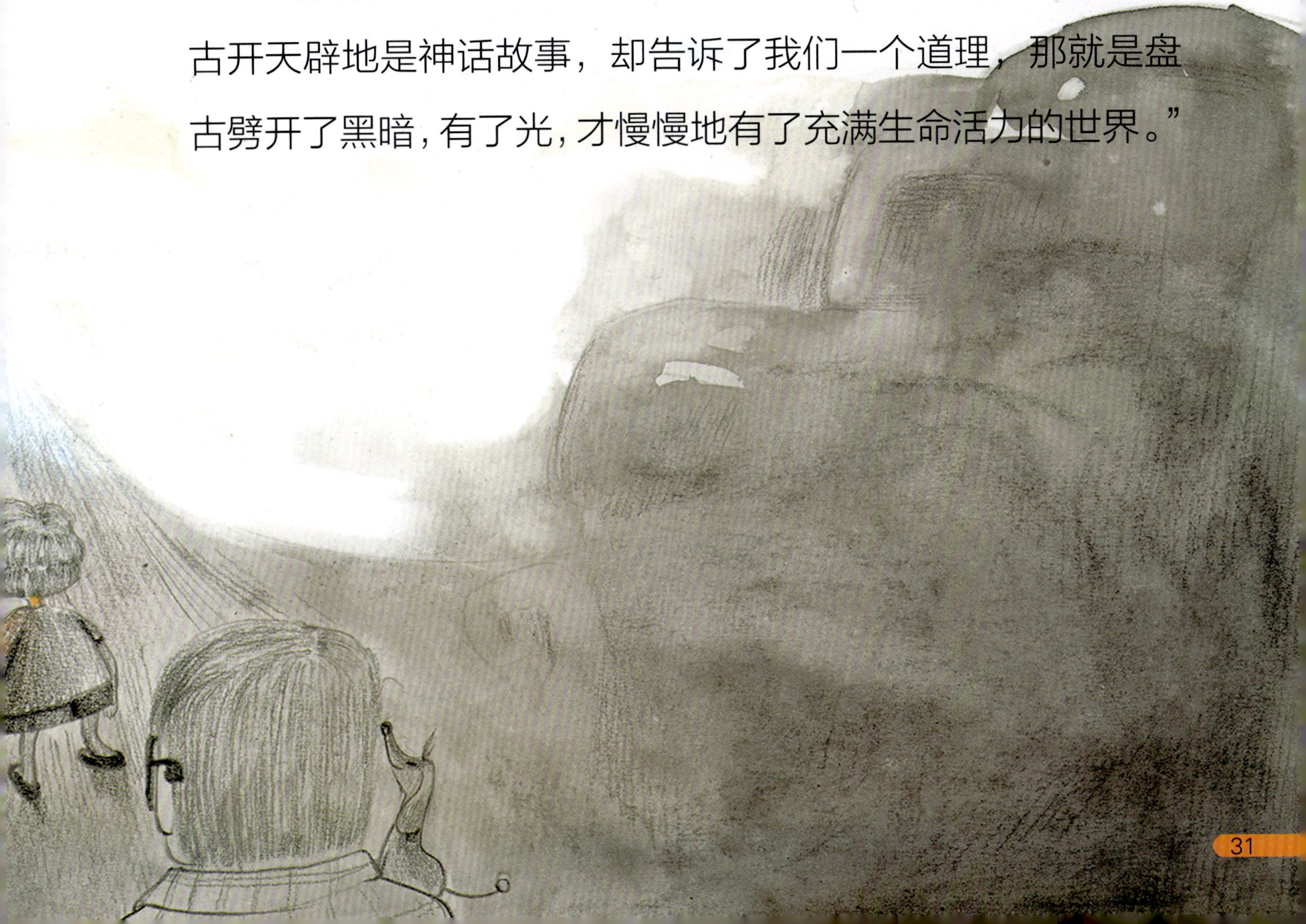

9 如果没有空气会怎样

杨爷爷说得太有趣了，我们还想要问些问题，但他只是神秘地冲我们眨了眨眼，说等会儿我们自然就知道了。

“让小腊肠带我们去感受一下没有空气的世界吧！”杨爷爷说。

杨爷爷的话刚说完，我的眼前就出现了极其怪异的现象。漆黑的天空中挂着一轮耀眼的太阳，巨大的热浪包裹着我，就像要把我融化一样，身边刚才还嫩绿的树叶转瞬间便枯萎了。不仅如此，我也不能呼吸了，脑子阵阵地发晕。

▶空气，是地球上生物维系生命活动的另一个重要元素。没有了空气，我们人类就无法呼吸。

“糟糕，忘了让你们先穿上航天服！”我快要坚持不住时，听到小腊肠在我耳边说道。

我穿上航天服后，立刻感觉好多了。

“没有空气，我们就不能呼吸，地球也会因为没有了大气层的保护，而暴露在太阳光的直射之下。刚才你们所看到的就是没有空气的场景。”我听到了杨爷爷的声音。

“这也太可怕了！”糖糖尖声惊叫起来。

“是啊，要不是及时穿上航天服，我就要像冰棍一样融化了！”鼠标心有余悸地说。

“声音是通过介质传播的，如果处于真空状态，我们就听不到声音。”我忽然想起了曾经在一本书上看到过这样的内容，不由得感到有些不解，心想：既然没有了空气，我怎么还会听到他们说话的声音呢?

我疑惑地向杨爷爷看去。

“乐乐，你怎么了？”我听到了杨爷爷的声音，便把心中的疑惑说了出来。杨爷爷告诉我，我能听到他们说话，并不是真正地用耳朵听到，而是小腊肠通过一种高科技将信息传到了我的脑海中，就像是真的用耳朵听到一般。他为了让我们认识

▶你知道吗？声音的传播需要介质，这些介质可以是气体、液体或固体；在不同的介质中，声音的传播速度也不同。

▶虽说古人们对于为什么出现月食这一现象，无法探究得知其中的原因。但是，他们在对月亮的变化进行长期观察后，发现了一些规律，总结出了一个月为 28 天。这与我们现在所知道的月球自转与围绕着地球转动的周期 27.3 天极其相近。

9 红色的月亮

“你们是不是觉得古时候的人有些愚昧、可笑呢？”在说完有关月食的一些趣事后，杨爷爷笑着问我们。

我们没有回答，也不知道怎么回答。

“古人们的一些举动，在我们现代人看来有些不可思议，但是，他们并不完全是迷信，而是由于受到了认知的限制。”杨爷爷看着我们，向我们解释。

“是不是就像晚上漆黑一片，我们看不清也不知道黑色里面有什么，所以我们会感到害怕呀？”我歪着脑袋想了想，有些不确定地说道。

“糖糖说得没错，我们在很多的

▶我们看到月亮会有不同的颜色，并不是月亮的颜色发生了变化，而是月亮反射的太阳光在通过大气层的时候，会受到散射和折射，我们的眼睛因此接受到的光波不同而引起的。也正是因为如此，我们在月全食时通常能看到红色的月亮。然而，在古代，人们并不知道这一点。由于血液是红色的，古代人在看到红色的月亮之后，便认为月亮可能是被血染红的，进而将红色的月亮叫作“血月”，并且认为出现“血月”，预示着将有大的灾难发生。

时候，就是因为未知而感到恐惧，会做出一些看起来不可思议的举动。”杨爷爷笑着夸奖我，然后问道，“你们看到过红色的月亮吗？”

红色的月亮！在听到杨爷爷这么问后，我们不约而同地看向他。

10 来到月球的背面

在那巨大的玻璃防护罩内，我们一边听杨爷爷说有关月球的事，一边欣赏群星闪耀的太空美景。

“杨爷爷，我好像记得一本书上说，我们在地球上看到的始终只是月球的一面，看不到它的背面，是吗？”乐乐突然说道。

“是的！”杨爷爷点了点头。

“月球的背面是什么样的呀？”鼠标变得兴奋起来，吵

月球表面布满了环形山。环形山这个名字是伽利略起的，是月面的显著特征结构，几乎分布于整个月面。最大的环形山是位于月球南极附近的贝利环形山，直径约 295 千米，比海南岛还大一点儿。月球正面直径大于 1 千米的环形山约有 3.3 万座，总面积占月球表面积的 7%~10%。

嚷着要去月球的背面看看。于是，我们又穿着厚重的航天服，出现在了月球的背面。

这里到处都是坑坑洼洼的，就像是被什么东西砸出了一个又一个的深坑。当然，在这里也看不到我们人类的家园——那颗美丽的蔚蓝色的星球，因为，我们已经来到了月球的背面。

“哇，真的没想到月球的背面会是这样啊！”鼠标大声地叫嚷着，在看到一个巨大的陨石坑后，他跳了下去，高高兴兴地蹦起来。

看到鼠标玩得那么高兴，我们也跳了下去，玩在了一起。

“你……你们快看！”就当我们玩得正高兴的时候，追赶小腊肠的鼠标突然停了下来，直愣愣地站在那儿，手指着天空。

顺着鼠标手指的方向，我看到一道极强的光线急速地向我们射过来。

11 月球对地球的作用

是宇宙射线！我们吓得张大着嘴巴，连动都不敢动，就那样呆呆地站立着。眼看宇宙射线离我们越来越近，我吓得闭上了眼睛。

也不知道过了多长时间，我鼓足勇气，慢慢睁开双眼，发现自己坐在一艘宇宙飞船里。窗户外面，是蔚蓝色的地球和银灰色的月球。

原来，就在我们快受到宇宙射线袭击的时候，小腊肠变出了一艘宇宙飞船，带着我们离开了。

“我现在知道了，为什么说月球是地球的卫星，”鼠标大声地说道，“它就像卫兵一样守护着地球。”

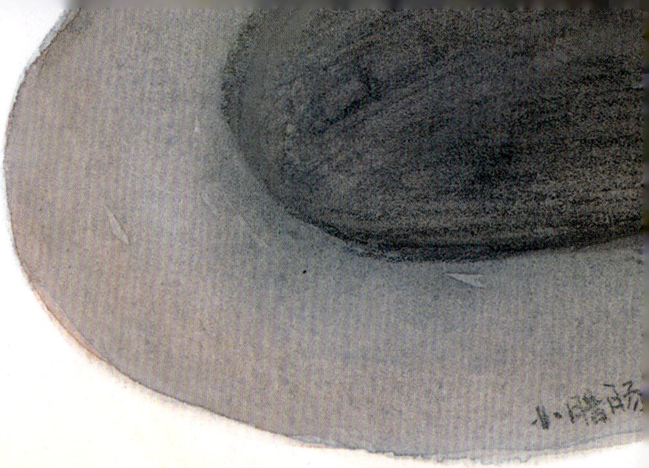

杨爷爷哈哈地笑了，说：“月球确实像卫兵一样守护着地球。如果没有月球，地球也许会受到更多宇宙射线的辐射。”说完这些，杨爷爷又问我们还知道月球的哪些作用。

是啊，月球对我们的地球还有什么作用呢，我还真的不怎么清楚，乐乐和鼠标也跟我一样。

地球和月球就像是两个手拉着手的小朋友一样，彼此之间存在着引力。月球在绕地球旋转的过程中也使自身稳定了下来，以相对固定的倾斜角度进行有规律的自转。

在飞船中，杨爷爷跟我们说，我们人类生存的地球能够保持一定的角度、速度进行自转和公转，并且在固定的轨道运行，都跟月球有关。

不仅如此，地球上的潮起潮落也是由月球的引力引起的。

▶潮汐是指任一天体在其他天体的引潮力作用下产生形变或长周期波动的现象，有固体潮汐、海洋潮汐和大气潮汐三类。其中海洋潮汐指主要由太阳和月球的引潮力引起的海水运动，海面会因此发生周期性涨落。发生在白天的高潮称为“潮”，夜间的称为“汐”。

12 虚惊一场

在杨爷爷跟我们说这些的时候，我们乘坐的“小腊肠号”正快速地向着地球飞去。

那颗蔚蓝色星球离我们越来越近，我忍不住又回头看了看越来越小的月球。说真的，在杨爷爷没有跟我说那些之前，我还真的不知道月球对于我们的地球是这么重要。当然，我更不知道，月球真实的样子和我想象中的完全不同。

“糖糖，你在想什么呢？”杨爷爷看着我，笑着问道。

“杨爷爷……”就在我正想跟杨爷爷说点什么的时候，突然间感到了一阵猛烈的晃动，并听到了鼠标和乐乐大声叫嚷“不好了”的声音。

又怎么了？我还没来得及询问，就感到眼前一黑，什么都看不见，也听不见了。

⑬ 我的理想

就这样不知道过了多久，我听到耳边传来小腊肠汪汪的叫声，以及鼠标和乐乐喊我的声音。

我疑惑地睁开双眼，向四周看去，发现自己回到了小区的院子里，那轮淡黄色的月亮依旧若隐若现地挂在空中。

“对于月亮，你们现在知道得更多了吧！”杨爷爷走过来问我们。

我们不约而同地点了点头。

“除了这些呢？”杨爷爷接着问。

“我们应该努力学习更多的知识，更好地认识这个世界，让我们的生活变得更加美好！”乐乐想了想说。

“嗯！”鼠标更是连连点头，并说，“我们知道得越多，了解得越多后，就不会随便相信一些没有根据的事。”他说到这儿停了下来，有些不好意思，“我原来还真的相信月食是天狗在吃月亮呢！”

“哈哈……”我们听完后不由得笑了。

我看着那轮淡淡的月亮，回想着刚才的那段神奇的经历，暗暗下定决心：要更加努力地学习，长大后真正地登上月球，去看看它究竟还有多少秘密。

当然，我也期待着下一次像这样的奇妙旅行。

接下来还有怎样的奇妙之旅呢？
敬请期待吧！

宇宙的奥秘

有声伴读

与风一起旅行

李 硕◎编绘

长江出版传媒 | 长江少年儿童出版社

图书在版编目（CIP）数据

宇宙的奥秘 / 李硕编绘 . — 武汉 : 长江少年儿童出版社 , 2024.1
ISBN 978-7-5721-4342-7

Ⅰ . ①宇… Ⅱ . ①李… Ⅲ . ①自然科学－少儿读物 Ⅳ . ① N49

中国国家版本馆 CIP 数据核字（2023）第 203932 号

与风一起旅行

YU FENG YIQI LüXING

策　　划：太阳雨工作室
责任编辑：李　郁
整体制作：太阳雨工作室
责任校对：邓晓素
督　　印：邱　刚

出版发行：长江少年儿童出版社（湖北省武汉市洪山区雄楚大街 268 号 邮编 430070）
印 刷 厂：唐山楠萍印务有限公司
规　　格：889mm × 1194mm　1/16
印　　张：10.5
版　　次：2024 年 1 月第 1 版　2024 年 1 月第 1 次印刷
印　　数：1—10000
书　　号：ISBN 978-7-5721-4342-7
定　　价：198.00 元（全三册）

跟我们一起，

开始奇妙的科学探索之旅吧！

前言

小朋友们，你们好！

我是糖糖，我想你们对小腊肠、杨爷爷、乐乐和鼠标已经很熟悉了，不需要我在这儿重新介绍一遍了吧！我猜，你们肯定很好奇我们又有了怎样的神奇经历。

这一次，我想跟你们说说我们在院子里放风筝时开启的奇幻之旅。等我说完之后，你们可能会对自然界中这个看不见又摸不着，时而温柔、时而暴躁，并充满了神秘色彩的风有一些新的认识。

好了！话不多说，小朋友们，请跟着我们与风一起旅行吧！

糖糖

目录

和我们一起跟着风旅行吧！

1 一起放风筝

“快看，它飞得真高哇！”

“乐乐加油，让它再高点！”

这天下午，我们在院子里面空旷的地方放风筝。看着那越飞越高的风筝，我们七嘴八舌地说着。

杨爷爷坐在一旁的椅子上，笑着看着我们。

小腊肠汪汪叫着跟在我们后面。

▶小朋友，你知道风筝为什么能够飞起来吗？

就在我们玩得正高兴的时候，飞在空中的风筝晃动起来，像要掉下来。

“乐乐，乐乐！小心点，别让它掉下来了！”我和鼠标几乎同时焦急地大叫道，鼠标还伸手去拉乐乐手中的风筝线。紧接着，我们看见风筝一头栽倒在地上。因为风已经停了，没有风，我们又怎么能让风筝飞起来呢？

真是扫兴，我们玩得正高兴呢……

捡起掉在地上的风筝后，我们一边等再次起风，一边聊天。可是，我们等了好半天，还是没有起风。

“乐乐，我们去玩别的吧！”鼠标不想再等下去，对乐乐说道。

“再等会儿吧！”乐乐说。

“乐乐说得对，没准儿一会儿就起风了呢。”我说。

我们又等了一会儿，还是没有起风，连乐乐也不愿意再等下去了。就在他们准备放弃的时候，我看到了紧跟在我身边的小腊肠，心想：我们为什么不让杨爷爷和小腊肠帮忙呢？

▶ 想一想，为什么风筝会掉下来？

❷ 意外的发生

在我的印象中，杨爷爷和小腊肠几乎是无所不能的，我想，他们肯定能帮助我们。

“走，我们找杨爷爷去！”我对乐乐和鼠标说着，便朝杨爷爷跑去。

“杨爷爷，杨爷爷，我们想要放风筝，但是风突然间停了，您能帮帮我们吗？”我说。

“呵呵！”杨爷爷笑了，“你想我怎么帮你们？”

“风，再起一阵风！”“越大越好！”跟着我来到杨爷爷身边的乐乐和鼠标反应过来，抢着说道。

杨爷爷呵呵地笑着，让我们不要着急，并且朝小腊肠招了招手。“汪！”小腊肠叫了一声，噌地就蹿到了杨爷爷的腿上。“你们真的希望风越大越好

吗？”杨爷爷笑着问。

“嗯！”我们连连点头。

话音刚落，就起风了。可是，这风也太大了，吹得我们睁不开眼，站都站不稳。

“杨爷爷，杨爷爷，风太……太大了！”我好像听到了鼠标的声音。

我想让杨爷爷把风停下来，可是我一张嘴，那风就呼呼地灌进来，我不得不赶紧闭上了嘴。我想，如果再这样的话，我一定会被风吹走。就在这时，我的双脚不由自主地离开了地面，我真的被风卷起来了！

③ 被风带到了郊外

被风卷起的我，想要让自己停下来，却无能无力。我不知道这阵风会把我吹到什么地方，只能紧紧地闭上眼睛，希望风能早一点停下来。就在我惊恐不安的时候，风好像变小了，我感到自己的双脚落在了草地上。而且，我好像听到了叽叽喳喳的鸟叫声，还有乐乐和鼠标开心的笑声。

“哇，现在又可以放风筝了！”

我听到乐乐高兴地叫喊着，便慢慢地睁开了双眼。

▶小朋友，你觉得我们在放风筝时要注意些什么呢？

原来我们被风带到了郊外。这里真是美丽极了，草地上有好多不知名的花儿，几只漂亮的蝴蝶在花丛中飞舞，还有一些鸟儿在空中自在地飞翔。

阵阵清风吹来，带着缕缕花香。更让我感到高兴的是，我们又可以放风筝了。

风筝飞起来了，慢慢地越升越高。它的旁边还有几只鸟儿在穿行。

如果我能够像风筝和小鸟那样飞到天上去，那该多好哇！这些想法刚冒出来，奇怪的事情就发生了。

▶ 小腊肠总是会带我们经历一些难以想象的神奇的事情。例如，我们竟然能坐在风筝上和鸟一起飞行。

4 坐上风筝去旅行

我们竟然坐在风筝的上面，乘着风筝飞翔。有了前几次的经历，我虽然知道只要有杨爷爷和小腊肠在，不论多离奇、多不可置信的事都有可能发生，但是我仍然免不了有些紧张，担心自己会掉下去。

不过，这种紧张和害怕一会儿就消失了，因为乘着风筝在空中飞翔，真是太有趣了！乐乐和鼠标比我的胆子大，他们在上面高兴地蹦蹦跳跳，甚至打起滚儿来。

“糖糖、乐乐、鼠标，你们过来！”坐在风筝中间的杨爷爷向我们招了招手。

“你们知道风筝为什么会飞起来吗？”杨爷爷问。

“因为有风啊！”鼠标说，“风筝风筝，有风就能飞起来。”

杨爷爷笑了，说：“那么，我们今天就说说风的事，你们谁先说？”

▶坐在风筝上，讨论着有关风的事，真开心哪！你知道哪些有关风的事呢？

“风就和下雨、打雷一样，是一种自然现象。它看不见、摸不着，是因为空气的流动而产生。”乐乐抢着回答，把自己所知道的一股脑儿说了出来。

鼠标听到后不由得叹了口气，有些失望地说：“这个我也知道，又被他先说了！”

他们俩总是这么有趣，就像是一对小冤家。

乐乐说着，还冲我们得意地仰了仰头，似乎在跟我们说：“你们输了！”

就在这个时候，杨爷爷问道：“你们谁能说说空气是怎么流动的？”

5 随风飘摇的蒲公英

杨爷爷话音刚落，我就看到站在我对面的鼠标满脸惊恐地指着我的背后，张大嘴想要说什么，却又没发出任何声音。

他这是怎么了？忽然间，我眼前一暗，仿佛有一座巨大的山从头顶上压过来。

天哪！你猜我抬起头的时候看到了什么？一只山一样大的鸟，眨眼间就撞在了我们乘坐的风筝上。风筝猛地一晃，失去

▶你能想象坐在随风飘摇的蒲公英的种子上是什么样的感觉吗？

了平衡，斜斜地向地面坠落。而我们也从倾斜的风筝上滑了下来，直直地落向地面。

“啊！”下坠的速度越来越快，我惊恐地大声尖叫。我吓得闭上了双眼，就在我觉得自己肯定会重重地摔在地面上的时候，突然感到脚下一软，就像踩到了一团棉花，接着身子向后一仰，摔倒了。奇怪的是，我并没有觉得疼，反而像被一床轻柔的羽绒被包裹着。

“糖糖，没事了！”我听到了乐乐在说话，旁边还传来鼠标高兴地大声呼喊的声音，以及小腊肠的叫声。

我睁开双眼，发现自己竟然坐在一团毛茸茸的奇怪物体上，正随风飞舞。而在我身边不远处，杨爷

爷、乐乐、鼠标，还有小腊肠都跟我一样坐在这个毛茸茸的物体上。

鼠标从我的身边飘过，说：“知道吗？这是蒲公英的种子。”而后，就飘到远处去了，跟在他后面的是汪汪叫的小腊肠。

听到鼠标这么一说，我才安下心来，向四周看去。

天哪，真是太漂亮了！

我的身边飘扬着许许多多蒲公英的种子，它们在阳光的照射下，周身笼罩着美丽的金色光芒。

❻ 我们看到的事

我们坐在蒲公英的种子上，随着风在空中你追我赶地飘着。

杨爷爷说，风是一种常见的自然现象，它有许多不可低估的作用。例如，风能够将蒲公英的种子送到各个地方，就像一个天然的播种机；它还能帮忙传播花粉，让植物花朵受精，结出果实。

杨爷爷笑着对我们说：“我们要不要跟着风来一次有趣的旅行呢？”

“好！”我们毫不犹豫地连连点头。

我们乘坐的蒲公英的种子慢慢地聚在了一起，最后变成了一颗比其他那些大很多的种子，并且离开了种子大部队，向天空深处飘去，越飘越高，深入到了云雾之中。我想要看清楚四周的景象，可惜到处都是雾蒙蒙的。

▶在中国神话中，掌管风的神兽名叫飞廉，被称为风伯，也称风师、箕伯。它相貌奇特，长着鹿一样的身体，身上布满了豹纹，头形似孔雀，头上的角峥嵘古怪，有条蛇一样的尾巴。

不知道在云雾中穿梭了多久，我忽然间听到下方隐隐传来雷鸣般的厮杀声，我们飘到了一个战场上方。杨爷爷告诉我们，在古代，人们总是对一些自然现象充满了敬畏，觉得有什么力量在控制它们，因此便想象出了许多的神灵。对于风，他们同样觉得有一个神灵在操控，风伯就是我们中国神话传说中掌管风的神。

“迷信！”鼠标不屑地说。

“哈哈，”杨爷爷笑了，摸了摸鼠标的头，说，“这可不光是迷信哟，也是人们对于难以理解的事情，有一种充满想象力的认知。”

“嘿嘿……”鼠标不好意思地笑了。

“因为，古人的认知十分有限，他们难以科学地解释这种自然现象，不过……”杨爷爷停了下来，看了看我们，接着说，“也正是因为如此，他们总是会做出一些在我们现代人看来匪夷所思的事。”

我们离开了杀气腾腾的战场，继续向前飘去。突然，有一股强大的力量在拉扯我，我还没有反应过来是怎么回事，就被飞快地拉了过去。

▶你相信风伯的存在吗？你认为风是怎样产生的呢？

我们被这阵旋风拉向空中，不一会儿，旋风散去，我们仍坐回那颗巨大的蒲公英种子上，继续随风飘着。

杨爷爷继续跟我们讲古人和风之间的故事。他说，因为风对于古人来说太过神秘，所以一旦出现一些反常的风，他们就会认为是老天爷的暗示。

杨爷爷又跟我们讲了一件有趣的事，在古代行军打仗的时候，如果风吹断了旗杆，人们就会觉得出师不利。

“古代人真奇怪！他们竟然会这样认为。”鼠标听后，不由得嘟囔了一句。

“哈哈，你还好意思说别人，”乐乐总喜欢跟鼠标作对，“你还说晚上会有鬼怪出现呢！”

“你……”鼠标的脸涨得通红。他抱着胳膊，一屁股坐了下去，生着闷气，不再说话。

看着他们斗嘴的样子，杨爷爷乐不可支。

就在这时，我们的飞行速度加快了，蒲公英种子像火箭一样朝高空直直地飞去。

▶其实，风吹断了旗杆，并不是什么凶兆，而是偶然事件。古人因为对风不怎么了解，才会觉得这个事情很神秘，认为是上天的一种警示。

7 古人对风的利用

杨爷爷告诉我们，古人虽然不像我们现代人对风有很清晰的认知，但是，他们会根据风的一些特点，利用风来帮助他们。

杨爷爷滔滔不绝地给我们说起许多有趣的古代发明，我觉得古人也挺聪明的。他们虽然不知道风是怎么回事，但是

▶扇车：一种人工清粮的农具。人们通过不停地摇动扇车手柄，带动巨大的扇叶，让空气产生流动，形成风。当料斗中的谷物落下时，较轻的杂物会被吹出去，剩下的谷物便都落进了粮食桶里。

能够通过观察和总结，利用风来帮助他们。

也就在这个时候，我们乘坐的那颗巨大的蒲公英种子缓缓地落在地面上，瞬间，我们也恢复了正常的大小。

▶ 风箱：通过推拉风箱上的木质把手，将空气压缩而产生气流，让炉火烧得更旺。

▶ 蒲扇：用香蒲叶或蒲葵叶做成的扇子。只要轻轻摇动它，就可以感受到阵阵清凉。

▶帆船：能利用风力，让船行驶得更快。

这儿是一片绿油油的草地，草地上有许多不知名的野花，还有蝴蝶和蜜蜂正围着花儿飞舞。小腊肠举起它的小爪子想要将蝴蝶扑下来。

尽管我还想跟蒲公英一起飞行，去了解更多有趣的事，但还是待在地面上让我更加安心。飘在空中，谁知道风会把我们吹到什么地方去呢？

乐乐和鼠标也很高兴，兴高采烈地说着刚才的见闻。

这时，不知道从哪儿刮过来一阵风，吹起了一些草屑和花瓣，但是它们没有飘多远就落了下来。

▶ 扬谷法：在有风的时候，将谷物抛向空中，利用风吹走谷物中的杂质。

8 杨爷爷的问题

“你们知道风为什么会把东西吹走吗？”杨爷爷问。

“因为那些东西很轻！”鼠标抢着说。

“嗯，我也觉得是这样！”乐乐连连点头。

杨爷爷看着我，问：“糖糖，你说说看！”

我犹豫了一下，迟疑地说:“可能跟乐乐说的一样吧！”

“你们还记得刚才我们说过的风形成的原因吗？”杨爷爷边跟我们说话，边招手让小腊肠过来。

“汪汪……”小腊肠极其不情愿地放弃了扑蝴蝶，竖起尾巴摇了摇，随即一道弧光射出，我们眼前出现了一块巨大的显示屏。

“风是空气流动的现象……”杨爷爷一边背手跟我们说，一边慢慢地向显示屏看去，在看清显示屏上的画面后，他把接下来要说的话硬生生地咽了回去。

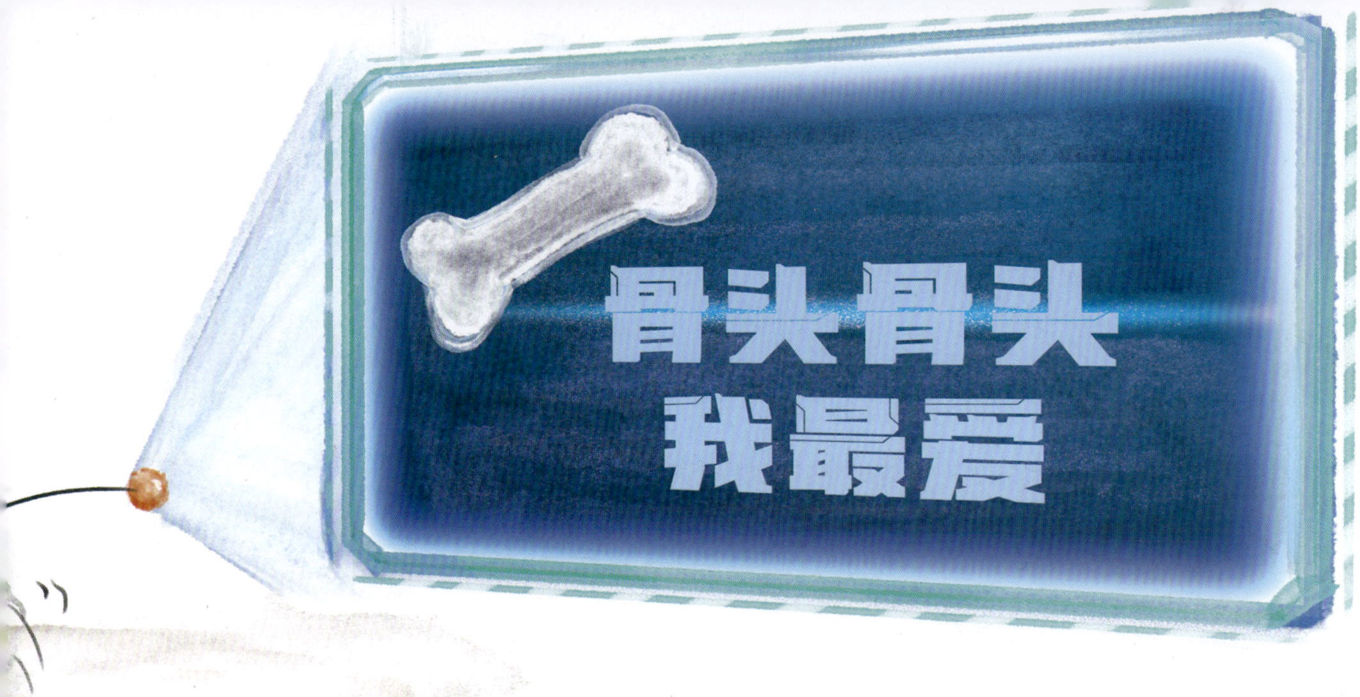

其实，小腊肠也不是万能的，有时候也会掉链子。虽然它看起来神通广大，但是偶尔也会有一些让人觉得很好笑的举动。此时此刻，显示屏上写着“骨头骨头我最爱”几个大字。

小腊肠调皮地看着我们，汪汪地发出了一连串叫声。紧接着，显示屏的画面一变，出现了许许多多身上写着“O_2”或“N_2”的小东西，正在快速地奔跑。其中有几个撞在了它们面前的纸屑上，那纸屑也被它们带着身不由己地跑。

杨爷爷说，那些身上写着“O_2”或“N_2”的小东西是空气的主要成分——氧气和氮气。此外，空气中还有水汽、二氧化碳等。而风之所以能吹走物体，是因为空气中的这

▶ 你知道吗？在空气中有着许多的分子。相同体积的空气，重量会随温度的变化而变化。

当温度升高时，空气中分子运动加剧，每个分子占用空间增大，促使空气体积变大，密度变小，空气变轻，从而上升；热空气上升后遇到冷空气，分子运动减缓，每个分子占用空间减少，空气密度增大后，空气变重下降，这种空气的流动便形成了风。

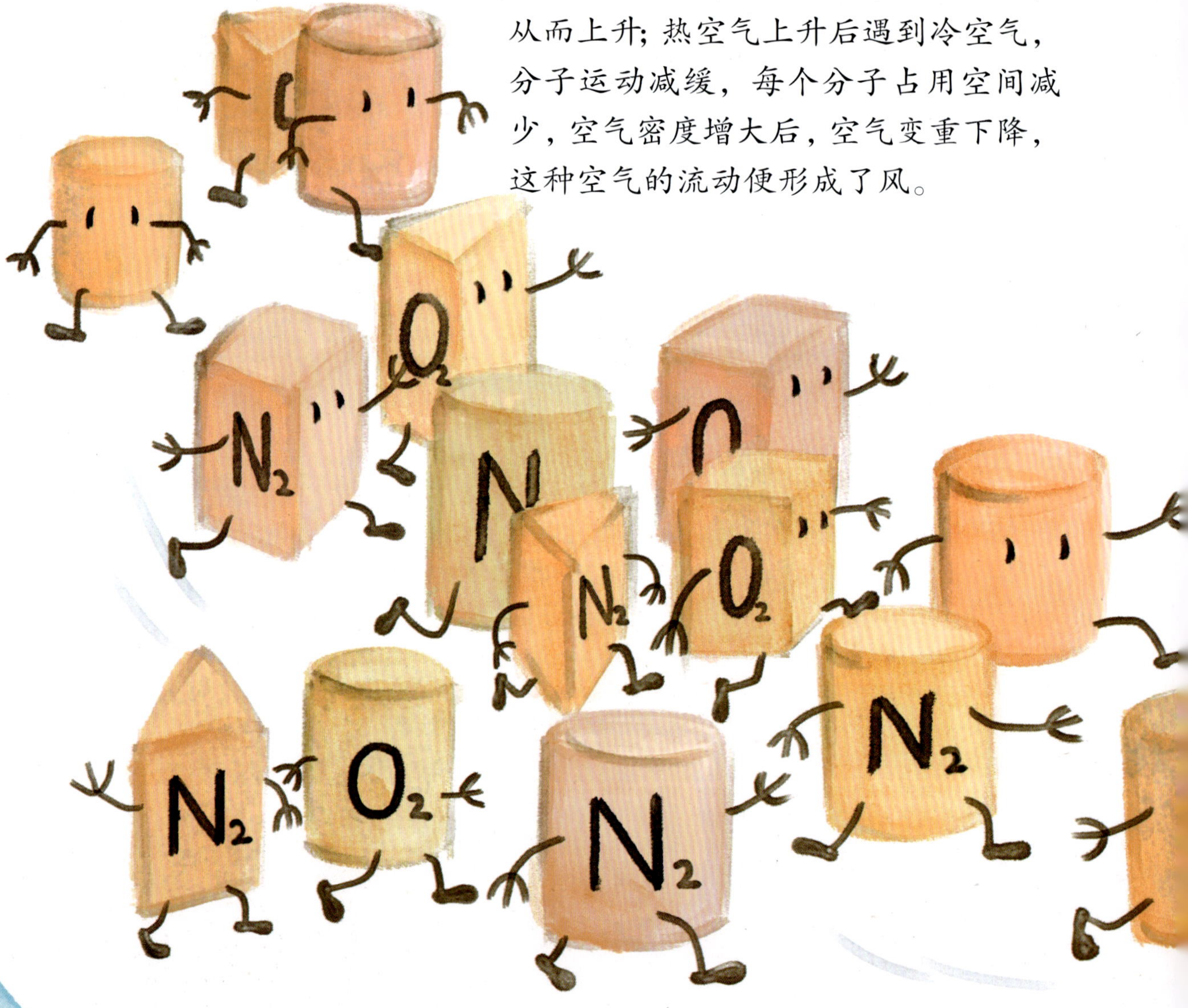

些分子以很快的速度移动着，与物体发生碰撞，产生推力，将它们带走。

“哦，我现在知道了。”鼠标恍然大悟，点点头，“原来并不是风吹走了物体，而是物体被空气中的分子撞飞了！”

9 风的力量

“运动的空气分子？”乐乐不由得皱起了眉头，不解地说，“可是空气中的分子那么小，那么轻，怎么能把挡在它面前的东西撞走呢？难道说，只要分子运动够快，就能把我平时搬都搬不动的东西吹走？”

这不仅仅是乐乐的疑问，也是我的疑问。

杨爷爷并没有直接回答我们的疑问，而是像变魔术一样在手中变出了一块砖头。与此同时，小腊肠的面前也出现了一堆好看的玻璃球。

▶杨爷爷手中拿着一块砖，你猜猜他打算干什么。

跟砖头相比，那些玻璃球也太小、太轻了吧！我想它们是不可能移动砖头的。然而，杨爷爷接下来所做的事改变了我的看法。

他把砖头放在了草地旁一块平坦的水泥路面上，然后，慢慢地滚动那些玻璃球，让玻璃球去撞击砖头。结果砖头动都没有动一下，玻璃球倒是被反弹了回去。

接着，他又捡起了那些玻璃球，在跟刚才差不多的位置，用力且快速地扔了出去，碰到砖头的一瞬间，玻璃球竟然将砖头击倒了。

“虽然空气中的分子很轻，但是它们的速度很快，一旦达到了一定的速度，就会产生我们想象不到的奇迹……”

杨爷爷说看不见、摸不着而且轻飘飘的空气分子，能够将物体吹动，与空气分子运动的速度和被吹动物体的惯性大小有关。

“什么是惯性？”我们异口同声地问。

杨爷爷说：“惯性是物质的基本属性。这就不得不提到赫赫有名的牛顿第一定律，也称惯性定律。简单来说，就是任何物体在不受外力或者所受外力的合力为零时，始终保持着静止或匀速运动状态，直到有外力来打破这种状态。”

为了让我们更好地理解，杨爷爷还给我们举了几个例子：“例如，躺在地上的大石头，我们搬动或者滚动它，就是用外力打破了它的静止状态；同理，想要让行驶的汽车停下来，

就需要用更大的外力来破坏它的运动状态。当然，我们也能从中发现，物体惯性的大小和它的质量有关，质量越大的物体，它的运动状态越难被改变。”

虽然，我不能完全理解杨爷爷说的话，但是仔细地想想，觉得杨爷爷说得不错。就像上次，鼠标踩着滑板车跑得飞快，我和乐乐用了很大的力气才让他停下来。

⑩ 你知道风的速度有多快吗

“当空气的流动达到了一定速度，能够破坏物体本身的运动状态时，物体就会移动，我们就能看到它被风吹起来。”杨爷爷接着说。在看到我们目不转睛地看着他的时候，他停

了下来，笑着问：“你们知道风的速度有多快吗？”

突然，一阵风吹过，卷起了我们脚下的几片花瓣。鼠标想抓住那些花瓣，便跟在后面追赶，他虽然跑得很快，但是那些花瓣飘得更快。

“还真快！”鼠标放弃了追赶，回来后喘着粗气说，“虽然我不知道风到底有多快，但是肯定比我跑得快。”

“哈哈……”看着鼠标那样子，我们都笑了。

杨爷爷告诉我们，在我们刚好能感觉到有风时，风的速度和我们跑步的速度相近。到目前为止，人们所知道的最高风速为 512 千米 / 小时，它是 1999 年 5 月在美国俄克拉何马州发生的龙卷风的速度。

杨爷爷还说，风虽然会给我们带来很多的便利，但是也能给我们带来灾难。例如可怕的沙尘暴，能毁坏建筑物，影响交通和供电，给人们的生命和财产安全造成极大的危害。

11 风能的利用

想象着沙尘铺天盖地的画面，再听到杨爷爷的讲述，我半天说不出话来。

“杨爷爷，我们有办法阻止这种事情发生吗？”我小心翼翼地问。

“这个……”杨爷爷犹豫了一会儿，才说，“如

果我们能好好地保护环境的话，像那样不幸的事就会减少。”

我轻轻地点了点头。

杨爷爷伸手摸了摸我的脑袋，说：“不要只把目光放在风给我们带来的危害上，还应该学会怎么利用它。随着人们对风的了解越来越深入，风的应用范围也越来越广。例如用风来发电。”

▶ 你知道吗？物理学上著名的能量守恒定律提到：物质能量的形态可以发生转换，但不会凭空消失。它可以从一种形态转化为另一种形态，或者从一个物体转移到其他物体，但能量的总和是保持不变的。我们利用风力发电，就是将空气流动的动能转化为电能。

⑫ 风筝为什么会飞

我们很好奇风是怎样发电的，但杨爷爷笑着对我们说，等我们长大一点再给我们讲。然后，他提起了那个我们都差不多忘掉了的问题，那就是被风吹起的纸片为什么不一会儿就会掉下来，而风筝能越飞越高。

▶风筝通过头高尾低的角度将风往下压，从而获得上升力。而风筝线就能使风筝一直保持这种最佳角度，获得源源不断的上升力，一旦线断了，风筝就会失去平衡而坠落。

13 回到小院子后

经过这次短暂但有趣的旅行后，我们回到了放风筝的小院子。

院子里的树叶开始轻轻地晃动，我感觉到阵阵微风迎面拂来。

“起风了！”鼠标兴奋地喊叫道，“乐乐，乐乐，我们放风筝吧！”

▶小朋友，在看完我们这次神奇的经历后，你知道了风的哪些秘密呢？

乐乐飞快地跑起来，鼠标在后面托着风筝，我和小腊肠也跟在后面奔跑着，风筝迎着风缓缓地升了起来，向天空飞去。乐乐不时地晃动手中的线，根据风向不停地调整风筝的角度。

风筝越飞越高，越飞越高。

我们三个一齐开心地笑了。杨爷爷在一旁看着我们，也在笑。

这是多么精彩的一天哪！

接下来还有怎样的奇妙之旅呢？
敬请期待吧！